谨以此书献给推动中国科技进步的人！

国家最高科学技术奖获奖科学家手模墙

2020年9月19日,"国家最高科学技术奖获奖科学家手模墙"揭幕仪式嘉宾合影

观众踊跃参观"国家最高科学技术奖获奖科学家手模墙"

星汉灿烂 光耀寰宇

吴文俊

1919.5—2017.5
2000年度获奖人

中国数学机械化、拓扑学研究的奠基者

—— 寄语 ——

创新是科学的生命

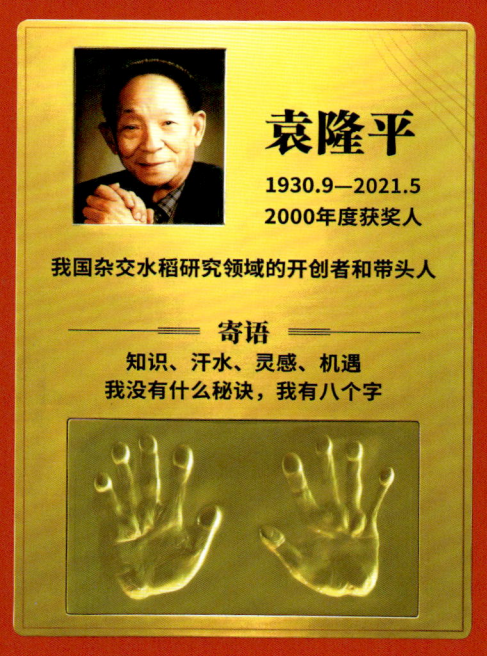

袁隆平

1930.9—2021.5
2000年度获奖人

我国杂交水稻研究领域的开创者和带头人

—— 寄语 ——

知识、汗水、灵感、机遇
我没有什么秘诀，我有八个字

王　选

1937.2—2006.2
2001年度获奖人

计算机科学家，发明汉字信息处理
与激光照排技术并实现我国印刷革命

—— 寄语 ——

选准方向，狂热探索
依靠团队，锲而不舍

黄 昆

1919.9—2005.7
2001年度获奖人

物理学家，我国固体物理学和半导体物理学的奠基人之一

寄语

自己创造性地去解决科学问题就可以得到最大的愉快

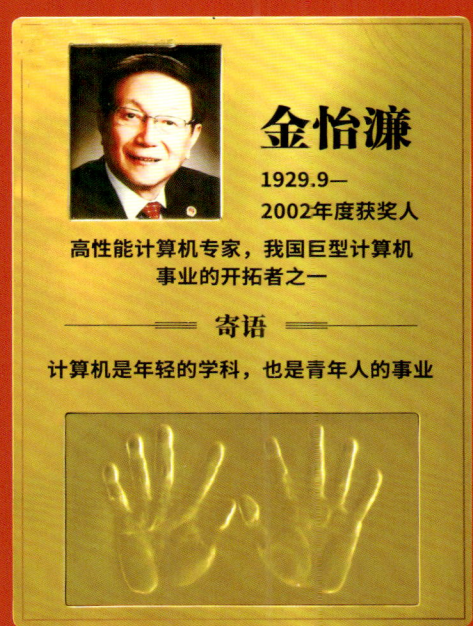

金怡濂

1929.9—
2002年度获奖人

高性能计算机专家，我国巨型计算机事业的开拓者之一

寄语

计算机是年轻的学科，也是青年人的事业

刘东生

1917.11—2008.3
2003年度获奖人

地球环境科学家，黄土研究之父
中国科学技术馆首任馆长

寄语

人类只有一个地球

王永志

1932.11—
2003年度获奖人

航天技术专家，我国第二代战略导弹技术带头人，载人航天工程总设计师

寄语

机遇只垂青于有准备的人

叶笃正

1916.2—2013.10
2005年度获奖人

中国现代大气科学事业的奠基人之一
国际全球变化研究的开拓者

—— 寄语 ——

我们的科研要更加贴近老百姓所关心
的东西，真正做到为国家排忧解难

吴孟超

1922.8—2021.5
2005年度获奖人

肝脏外科学家，创立了肝脏外科的
关键理论和技术体系

—— 寄语 ——

只要能拿动手术刀，我就要站在手术台上

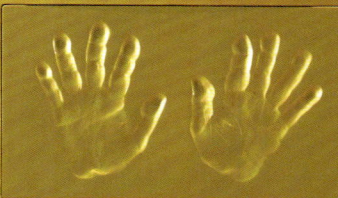

李振声

1931.2—
2006年度获奖人

农学家，从事小麦遗传与远缘杂交
育种研究取得令人瞩目的科学成就

—— 寄语 ——

一生中能做的事情有限
所以目标必须明确集中

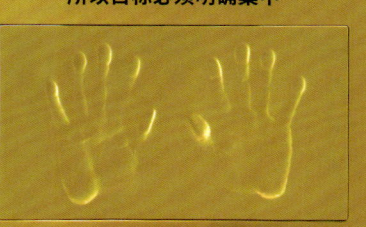

闵恩泽

1924.2—2016.3
2007年度获奖人

我国炼油催化科学的奠基者，石化技术
自主创新的先行者，绿色化学的开拓者

—— 寄语 ——

创新来自联想
联想源于博学广识和集体智慧

吴征镒
1916.6—2013.6
2007年度获奖人

植物学家,为中国植物学的创新、发展和走向世界做出重要贡献

—— 寄语 ——
希望青年一代在我们的肩膀上再攀登、更向上!

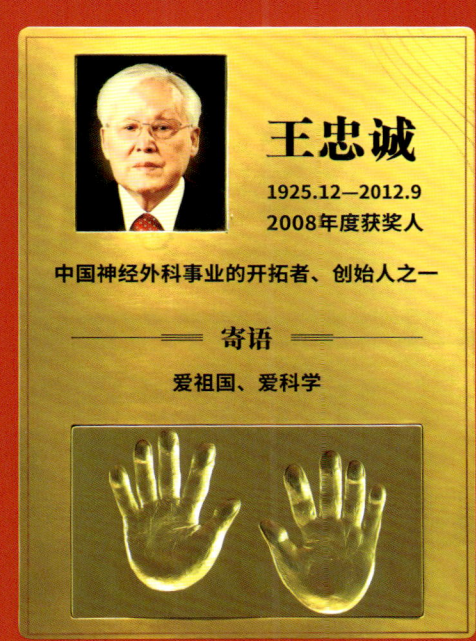

王忠诚
1925.12—2012.9
2008年度获奖人

中国神经外科事业的开拓者、创始人之一

—— 寄语 ——
爱祖国、爱科学

徐光宪
1920.11—2015.4
2008年度获奖人

化学家和教育家,在稀土分离理论及其应用、核燃料化学等方面做出重要贡献

—— 寄语 ——
科学研究应该时刻关注国家目标

谷超豪
1926.5—2012.6
2009年度获奖人

数学家,在微分几何、偏微分方程和数学物理方面做出重要贡献

—— 寄语 ——
人谓数无味,我道味无穷

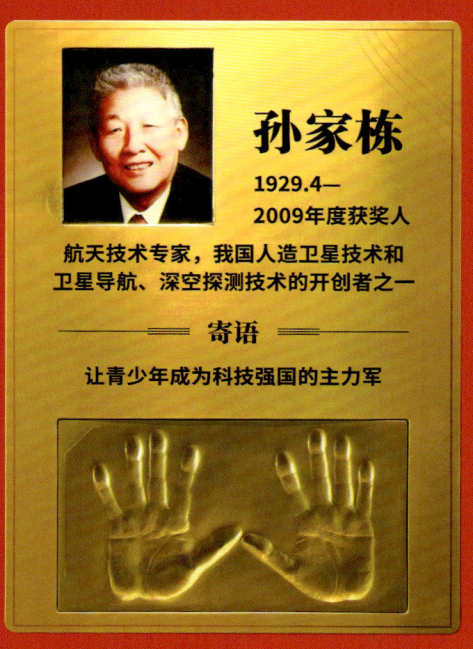

孙家栋

1929.4—
2009年度获奖人

航天技术专家，我国人造卫星技术和卫星导航、深空探测技术的开创者之一

—— 寄语 ——

让青少年成为科技强国的主力军

师昌绪

1920.11—2014.11
2010年度获奖人

材料科学家，对国家科技政策的制定及科技机构的设置和发展做出重要贡献

—— 寄语 ——

作为一个中国人，就要对中国做出贡献

王振义

1924.11—
2010年度获奖人

血液学专家，为医学实践和理论创新做出重大贡献

—— 寄语 ——

爱国，首先就要爱自己的事业

谢家麟

1920.8—2016.2
2011年度获奖人

物理学家，我国粒子加速器事业的开拓者和奠基人

—— 寄语 ——

科研的根本精神就是创新
就是没有路可走，自己想出条路来

吴良镛

1922.5—
2011年度获奖人

建筑学家、城乡规划学家和教育家
人居环境科学创建者

—— 寄语 ——

读万卷书，行万里路
拜万人师，谋万家居

郑哲敏

1924.10—2021.8
2012年度获奖人

我国爆炸力学的奠基人和开拓者之一
力学学科建设与发展的组织者和领导者之一

—— 寄语 ——

搞科研就是老老实实做
不知道就再去学，要有吃苦的决心

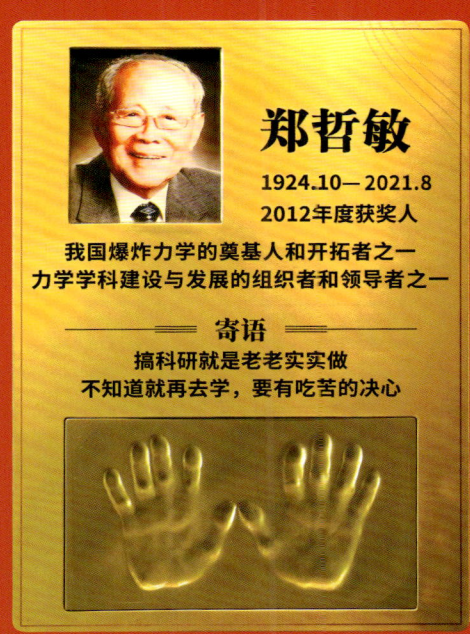

王小谟

1938.11—2023.3
2012年度获奖人

雷达专家，我国现代预警机事业的
开拓者和奠基人

—— 寄语 ——

掌握核心技术，必须从基础做起

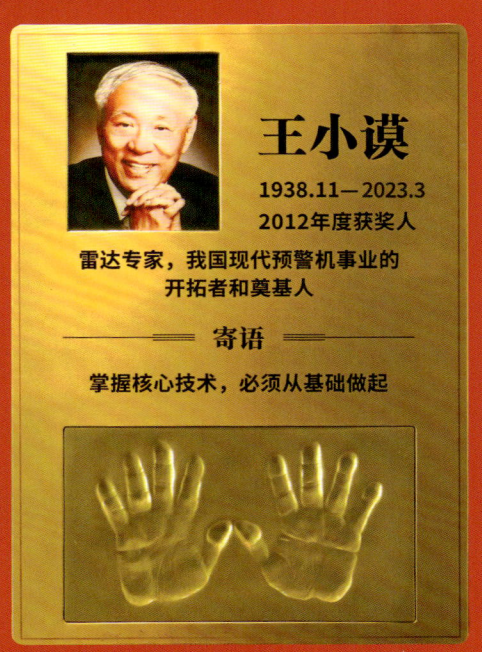

张存浩

1928.2—
2013年度获奖人

物理化学家，我国高能化学激光的奠基人
分子反应动力学的奠基人之一

—— 寄语 ——

国家的需要，就是我的研究方向

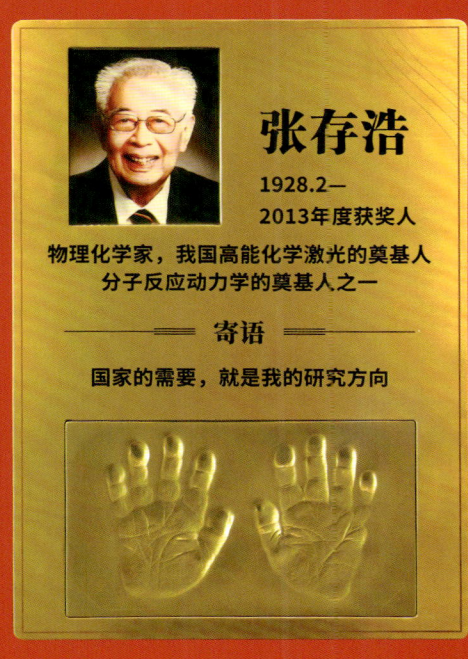

程开甲
1918.8—2018.11
2013年度获奖人

物理学家，我国核试验科学技术体系的创建者、践行者和领路人

—— 寄语 ——

创新、拼搏、奉献

于　敏
1926.8—2019.1
2014年度获奖人

核物理学家，我国核武器研究和国防高技术发展的杰出领军人物之一

—— 寄语 ——

国家需要我，我一定全力以赴

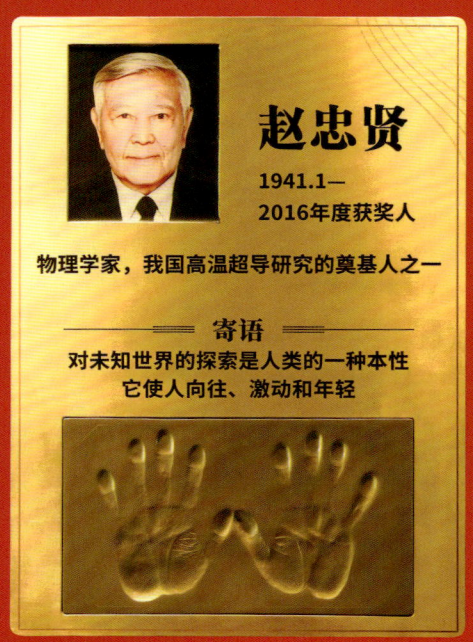

赵忠贤
1941.1—
2016年度获奖人

物理学家，我国高温超导研究的奠基人之一

—— 寄语 ——

对未知世界的探索是人类的一种本性
它使人向往、激动和年轻

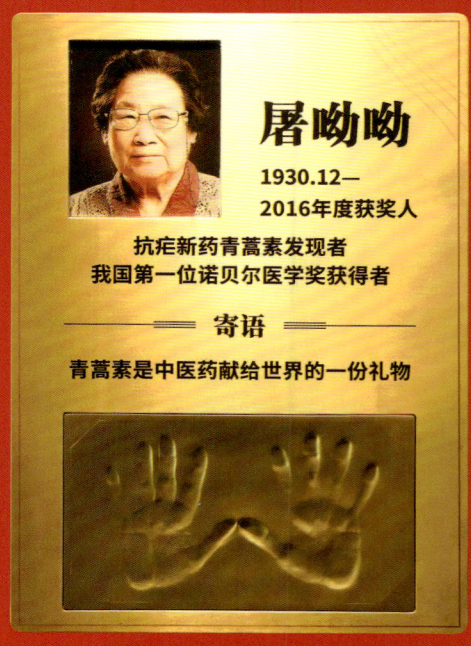

屠呦呦
1930.12—
2016年度获奖人

抗疟新药青蒿素发现者
我国第一位诺贝尔医学奖获得者

—— 寄语 ——

青蒿素是中医药献给世界的一份礼物

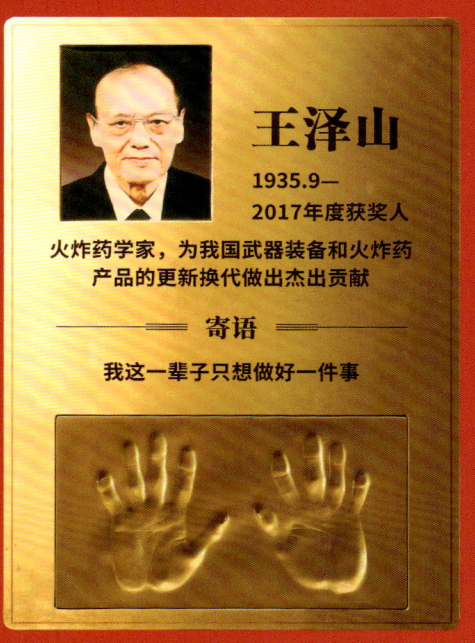

王泽山
1935.9—
2017年度获奖人

火炸药学家，为我国武器装备和火炸药产品的更新换代做出杰出贡献

— 寄语 —

我这一辈子只想做好一件事

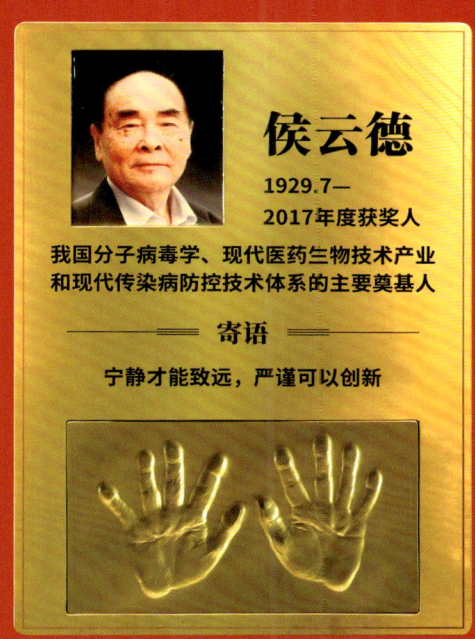

侯云德
1929.7—
2017年度获奖人

我国分子病毒学、现代医药生物技术产业和现代传染病防控技术体系的主要奠基人

— 寄语 —

宁静才能致远，严谨可以创新

刘永坦
1936.12—
2018年度获奖人

我国对海探测新体制雷达理论奠基人对海远程探测技术跨越发展的引领者

— 寄语 —

能为国家的强大作贡献
是我最大的动力和使命

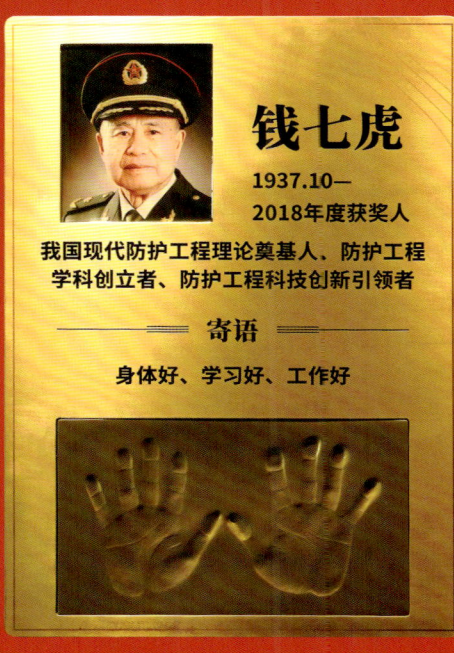

钱七虎
1937.10—
2018年度获奖人

我国现代防护工程理论奠基人、防护工程学科创立者、防护工程科技创新引领者

— 寄语 —

身体好、学习好、工作好

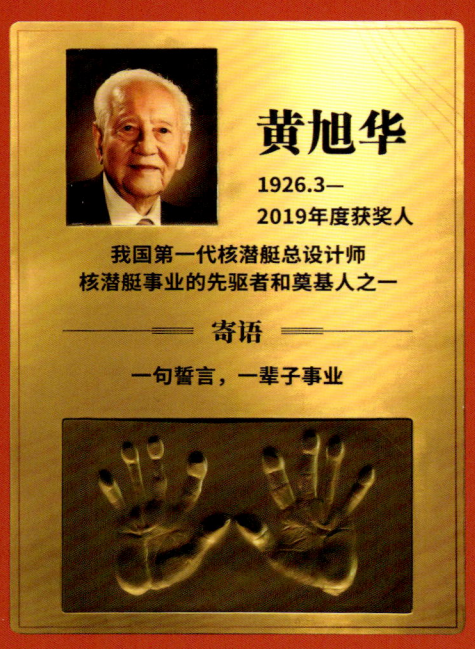

黄旭华

1926.3—
2019年度获奖人

我国第一代核潜艇总设计师
核潜艇事业的先驱者和奠基人之一

—— 寄语 ——

一句誓言，一辈子事业

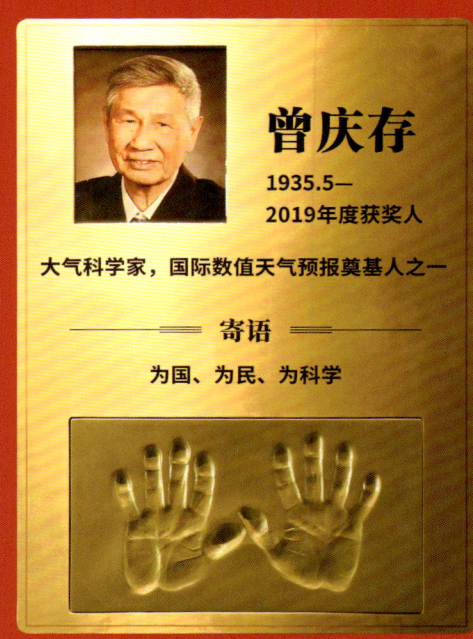

曾庆存

1935.5—
2019年度获奖人

大气科学家，国际数值天气预报奠基人之一

—— 寄语 ——

为国、为民、为科学

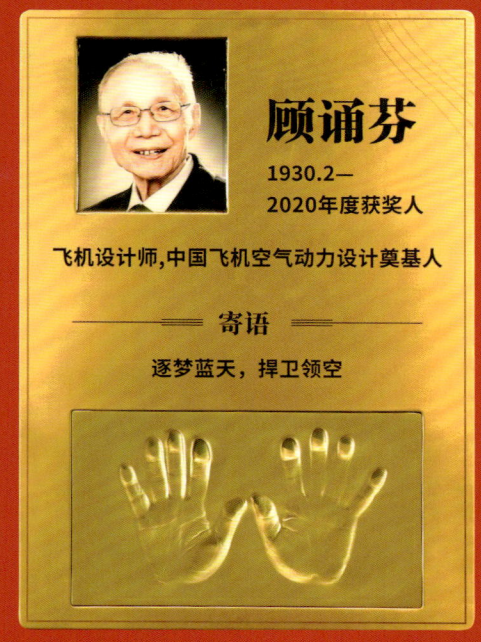

顾诵芬

1930.2—
2020年度获奖人

飞机设计师，中国飞机空气动力设计奠基人

—— 寄语 ——

逐梦蓝天，捍卫领空

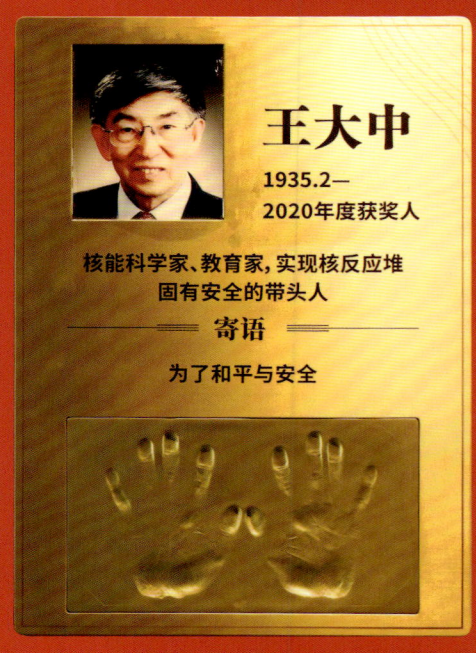

王大中

1935.2—
2020年度获奖人

核能科学家、教育家，实现核反应堆
固有安全的带头人

—— 寄语 ——

为了和平与安全

科学家手模背后的故事

中国科学技术馆 ◎ 编著

科学技术文献出版社
·北京·

图书在版编目（CIP）数据

科学家手模背后的故事 / 中国科学技术馆编著. —北京：科学技术文献出版社，2023.5（2025.5 重印）
　ISBN 978-7-5189-9664-3

Ⅰ. ①科… Ⅱ. ①中… Ⅲ. ①科普工作—介绍—中国　Ⅳ. ① G316

中国版本图书馆 CIP 数据核字（2022）第 186626 号

科学家手模背后的故事

策划编辑：张　丹　　责任编辑：张　丹　李　鑫　　责任校对：张永霞　　责任出版：张志平

出　版　者	科学技术文献出版社	
地　　　址	北京市复兴路15号　邮编　100038	
编　务　部	（010）58882938，58882087（传真）	
发　行　部	（010）58882868，58882870（传真）	
邮　购　部	（010）58882873	
官 方 网 址	www.stdp.com.cn	
发　行　者	科学技术文献出版社发行　全国各地新华书店经销	
印　刷　者	北京地大彩印有限公司	
版　　　次	2023 年 5 月第 1 版　2025 年 5 月第 2 次印刷	
开　　　本	710×1000　1/16	
字　　　数	178千	
印　　　张	11.5　彩插16面	
书　　　号	ISBN 978-7-5189-9664-3	
定　　　价	68.00元	

版权所有　违法必究

购买本社图书，凡字迹不清、缺页、倒页、脱页者，本社发行部负责调换

《科学家手模背后的故事》编写组

主　编　欧亚戈

副主编　余革胜　樊　庆　齐　婧

编　委　苏　青　隗京花　欧亚戈　刘　珩
　　　　陈少虞　苑　晓　薛　珂　邵赛兵

策　划　欧亚戈　郑蓓蓓　王珊珊　贾斯瑾
　　　　白轶德　陈思思

审　定　苏　青

Preface ▸ 序

  2020年9月11日，习近平总书记在科学家座谈会上强调："科学成就离不开精神支撑。科学家精神是科技工作者在长期科学实践中积累的宝贵精神财富。"中国科学技术馆始终将弘扬科学家精神作为重要使命和职责，并在开展科学教育的过程中，大力营造和培育科学氛围，厚植科学家精神生长沃土。

  2020年是首届"国家最高科学技术奖"评选20周年。为在全社会大力宣传和弘扬中国科学家胸怀祖国、服务人民的爱国精神，勇攀高峰、敢为人先的创新精神，追求真理、严谨治学的求实精神，淡泊名利、潜心研究的奉献精神，集智攻关、团结协作的协同精神，甘为人梯、奖掖后学的育人精神，中国科学技术馆与国家科学技术奖励工作办公室共同实施了"国家最高科学技术奖获奖科学家手模"项目，成功采集了袁隆平、屠呦呦等19位当代中国科学家杰出代表的手模，录制了13位科学家给青少年的寄语视频。2021年，作为该项目的延续，成功采集了顾诵芬、王大中两位院士的手模，并录制了寄语视频。这些手模和视频，来之不易，弥足珍贵。

　　项目实施三年来，无论是"科学家手模墙"的展览展示，还是"科学家寄语视频"的宣传推广，都引发了媒体和公众的持续关注，产生了广泛而持久的社会影响。随着时间的推移，吴孟超、袁隆平、郑哲敏、王小谟院士相继离世，项目的价值愈发凸显。为进一步弘扬科学家精神，激发广大公众特别是青少年热爱科学、崇尚创新，同时沉淀项目经验，中国科学技术馆组织编写了《科学家手模背后的故事》一书。

　　本书编写得到了相关科学家大力支持。科学家亲属、身边工作人员、所在单位等提供了珍贵照片并帮助审稿，李振声、王永志、赵忠贤、刘永坦院士等亲自修改、审阅了相关稿件。在此，向他们表示衷心的感谢并致以崇高的敬意！

　　"繁霜尽是心头血，洒向千峰秋叶丹。"采集科学家手模的过程中，科学家的一言一行给我们留下了深刻印象。科学家对全国青少年的寄语，饱含着他们对青少年的殷切希望和拳拳爱国之情，也是他们一生科研经验和人生哲学的高度凝练总结，值得我们细细品读、认真学习、践诸行动。

　　希望本书的出版能够给广大科普工作者提供借鉴和参考。同时，也希望吸引更多的公众特别是青少年去深入了解杰出科学家的奋进历程，学习他们的优秀品质，感悟他们身上伟大的中国科学家精神。

　　奋进新征程，建功新时代。让我们携起手来，共同努力，在全社会大力弘扬科学家精神，助力民族复兴伟业！

中国科学技术馆馆长

殷皓

2023年5月

Contents 目 录

第一章　项目起源 1

第二章　手模采集 7
　　吴孟超：只要能拿动手术刀，我就要站在手术台上 9
　　曾庆存：为国、为民、为科学 17
　　袁隆平：知识、汗水、灵感、机遇 26
　　王永志：机遇只垂青于有准备的人 32
　　钱七虎：身体好、学习好、工作好 39
　　屠呦呦：青蒿素是中医药献给世界的一份礼物 46
　　王小谟：掌握核心技术，必须从基础做起 53
　　金怡濂：计算机是年轻的学科，也是青年人的事业 60
　　吴良镛：读万卷书，行万里路，拜万人师，谋万家居 68
　　侯云德：宁静才能致远，严谨可以创新 77
　　王泽山：我这一辈子只想做好一件事 84
　　郑哲敏：搞科研就是老老实实做，不知道就再去学，
　　　　　　要有吃苦的决心 91
　　王振义：爱国，首先就要爱自己的事业 97

刘永坦：能为国家的强大作贡献是我最大的动力和使命 104
赵忠贤：对未知世界的探索是人类的一种本性，
　　　　它使人向往、激动和年轻 111
李振声：一生中能做的事情有限，所以目标必须明确集中 118
孙家栋：让青少年成为科技强国的主力军 124
张存浩：国家的需要，就是我的研究方向 130
黄旭华：一句誓言，一辈子事业 138
刘东生：人类只有一个地球 143
王大中：为了和平与安全 150
顾诵芬：逐梦蓝天，捍卫领空 156

第三章　美好呈现 163

第四章　后　记 171

第一章
项目起源

  中国科学技术馆是我国唯一的国家级综合性科技馆，是实施科教兴国战略、人才强国战略和创新驱动发展战略，提高全民科学素质的大型科普基础设施。

  中国科学技术馆始终高度重视弘扬科学家精神，将弘扬科学家精神作为重要使命和职责并贯穿到各项科普教育活动工作之中，每年都通过策划和实施多个有影响力的科普展览、教育活动等，大力弘扬科学家精神。

第一章　项目起源

中国科学技术馆外景

　　国家最高科学技术奖于1999年由中华人民共和国国务院设立，是中国国家科学技术奖中的最高奖项，授予在当代科学技术前沿取得重大突破或者在科学技术发展中有卓越建树，在科学技术创新、科学技术成果转化和高技术产业化中创造巨大经济效益或者社会效益的科学技术工作者，每年授予人数不超过两名。自2000年首次评选以来，截至2023年5月1日，已有吴文俊、袁隆平、王选、黄昆、金怡濂、刘东生、王永志、叶笃正、吴孟超、李振声、

闵恩泽、吴征镒、王忠诚、徐光宪、谷超豪、孙家栋、师昌绪、王振义、谢家麟、吴良镛、郑哲敏、王小谟、张存浩、程开甲、于敏、赵忠贤、屠呦呦、王泽山、侯云德、刘永坦、钱七虎、黄旭华、曾庆存、顾诵芬、王大中等35位杰出的中国科学家获此殊荣。

中国科学技术馆"国家最高科学技术奖获奖科学家手模"项目，于2019年年底开始酝酿，立项最初是基于以下3个方面的考虑。

一是适应近年来我国越来越重视宣传科学家、大力弘扬科学家精神的科普形势发展需要。例如，2019年9月，代表中华人民共和国最高荣誉勋章的"共和国勋章"首次颁发，8位"共和国勋章"获得者中就有5位是科学家。策划和实施弘扬科学家精神的相关项目，正当其时。

二是手模形式接地气，公众喜闻乐见。采集手模不用耽误科学家太多时间和精力，容易获得支持，且2020年时值首届"国家最高科学技术奖"评选20周年，实施此项目名正言顺。

三是国家最高科学技术奖获奖科学家的社会关注度高，项目如能成功实施将会产生重大的社会影响，有助于大力弘扬科学家精神。

中国科学技术馆党委和领导班子对项目创意予以充分肯定，决定将采集的科学家手模放在中国科学技术馆一层东大厅南侧显著位置集中展示，并提议邀请负责组织评审国家最高科学技术奖的国家科学技术奖励工作办公室作为联合主办单位，得到了对方的积极响应和大力支持。

项目团队集思广益、精益求精、不断创新，使得项目日趋完善。项目团队力争把项目做成经典。

项目实施过程中得到了获奖科学家及其亲属、身边工作人员、科学家所在单位，以及展项制作公司和社会各界的大力

第一章 项目起源

观众踊跃参观中国科学技术馆

中国科学技术馆一层东大厅机械旋律展项

支持。中国科学技术协会党组、书记处高度关注，予以指导、支持，确保项目顺利完成。

2020年6—8月，国家最高科学技术奖获奖科学家手模采集完毕。与此同时，国家最高科学技术奖获奖科学家手模墙紧锣密鼓地进行深化设计、制作安装。

2020年9月11日，习近平总书记在科学家座谈会上发表重要讲话，要求自觉践行、大力弘扬新时代科学家精神。

一周后，在9月19日"全国科普日"的第一天，国家最高科学技术奖获奖科学家手模墙揭幕，正式面向公众开放，科学家寄语视频同时发布，产生了广泛而持久的社会影响。

2022年2月，国家最高科学技术奖获奖科学家手模墙完成更新，增加了顾诵芬、王大中院士两位国家最高科学技术奖新获奖科学家的手模和寄语。

第二章

手模采集

从 2020 年 6 月 8 日采集吴孟超院士手模始，至当年 8 月 19 日采集黄旭华院士手模止，前后历时 2 个月，当时健在的 19 位国家最高科学技术奖获得者的手模全部采集完毕。

这 19 位科学家，分布在北京、上海、南京、武汉、长沙、深圳、哈尔滨 7 个城市。由国家科学技术奖励工作办公室先与获奖科学家联系，中国科学技术馆负责具体手模采集。采集流程通常为：采集手模、录制寄语视频、合影留念。采集持续时间为半小时到 1 小时不等，如采集袁隆平院士手模花了 28 分钟。

除了采集手模，每位获奖科学家还为全国青少年写了一句寄语，勉励青少年热爱科学、刻苦学习、茁壮成长、报效祖国。其中，袁隆平、金怡濂、王永志、王振义、吴良镛、王小谟、赵忠贤、屠呦呦、王泽山、侯云德、刘永坦、钱七虎、曾庆存等 13 位科学家录制了寄语视频。

已经去世的国家最高科学技术奖获得者中，刘东生、王忠诚院士生前留有手模，项目组进行了复制。

作为项目的延续，2021 年 12 月，采集了 2020 年度国家最高科学技术奖获得者顾诵芬、王大中院士的手模。

下面将按手模采集时间先后顺序，讲述手模采集及科学家的精彩故事。每个故事的标题，即是科学家的寄语。

吴孟超：只要能拿动手术刀，我就要站在手术台上

吴孟超（1922.8—2021.5），福建闽清人，1949年毕业于同济大学医学院，著名肝胆外科专家，中国科学院院士，他创立了中国肝脏外科的关键理论和技术体系，开辟了肝癌基础与临床研究的新领域，创建了世界上规模最大的肝脏疾病研究和诊疗中心，培养了大批高层次专业人才，被誉为"中国肝胆外科之父"，荣获2005年度国家最高科学技术奖。

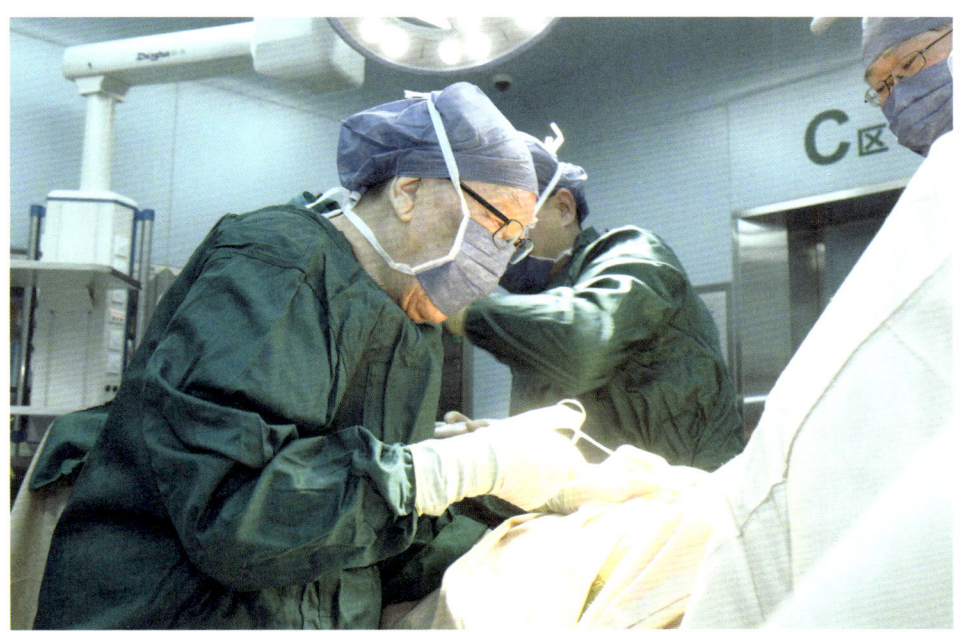

吴孟超院士（海军军医大学第三附属医院供图）

初中毕业时的吴孟超
（海军军医大学第三附属医院供图）

第二章 手模采集

2020年6月8日，上海，中国科学技术馆"国家最高科学技术奖获奖科学家手模"项目手模采集小组顶着烈日，专程来到中国人民解放军第二军医大学，采集98岁高龄吴孟超院士的手模。

吴孟超院士助手低声说，吴老最近身体不适住院了。听到这个消息，项目组大吃一惊。在大家的印象中，吴老身体特别好，95岁仍然在做手术，他总结的"心态平和、常用脑子、手脚常动、管住嘴巴、定期查体"这20个字被人视为养生秘诀。

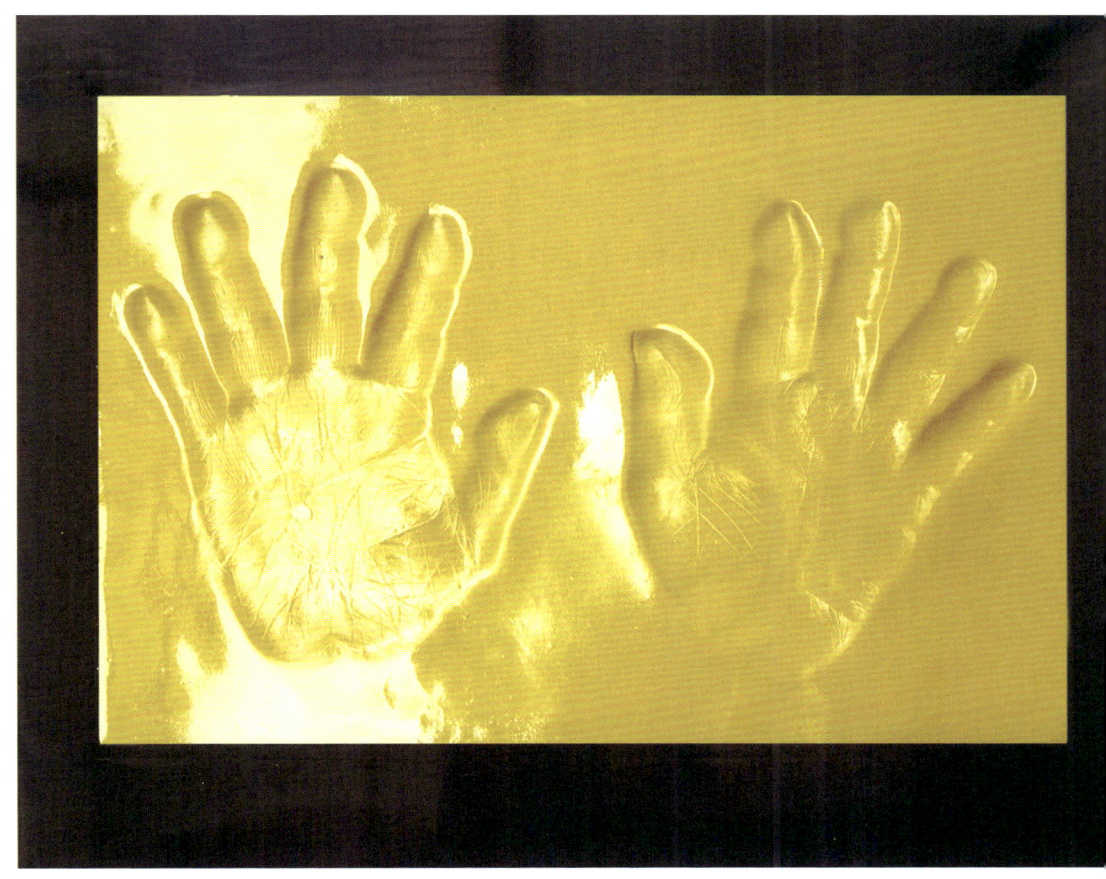

项目组采集的吴孟超院士手模

  1922年吴孟超出生在福建闽清乡下，5岁时随母亲漂洋过海投奔在马来西亚做工的父亲。抗日战争全面爆发后，吴孟超组织同学给八路军捐款捐物，收到了八路军总部以毛泽东、朱德名义发来的感谢电，非常激动。1940年，18岁的吴孟超毅然回国参加抗日活动。因战乱无法奔赴延安，他决心"读书救国"报考了同济大学医学院，成为"中国外科之父"裘法祖的学生。

  对这个得意门生，裘法祖曾用4个"非常"形容："他非常勤奋、非常刻苦、非常聪明，对病人非常好。"1956年，裘法祖告诉吴孟超："肝脏外科目前很薄弱，我国在这方面还是一片空白。"就此，吴孟超一头扎进了肝脏外科的领域。当时，世界上每年新发肝癌患者中，中国人占到一半左右。吴孟超决心"要把中国这顶肝癌大国的帽子扔到太平洋去"。

  在工作人员的带领下，项目组在医院里穿梭，来到住院部走廊尽头的一个普通病房前。门口就挂了一块布帘，很难想象里面住着一位大科学家。

  吴老的医疗团队友好地接待了项目组。鉴于处于新冠疫情期间，同时怕引起感染，项目组没有进到吴老病房，而是现场指导护士，由护士帮忙在病床上采集吴老的手模。

  原计划采集两块印模，以防万一，但由于合作企业没经验，只做好了一块印模。项目组马上在桌子上铺开报纸，准备现场再制作一块，但一动手发现需要半小时才能做好，只好作罢。

  过了一会儿，护士走出病房，拿出采集好的手模。手模印痕很深，掌纹清晰。仔细端详，可见吴老因长时间握手术刀，右手食指和中指指尖关节略微变形，食指尖明显偏向大拇指，中指尖则偏向无名指，形成一个小小的"V"形。这双手，被中国肝脏外科界誉为"上帝之手"。

  这双手，制作了我国第一具完整的肝脏血管铸型标本，开创了中国肝脏外科，主刀完成了世界第一例中肝叶切除手术，把中国肝脏外科带到了世界医学的最前沿。

  这双手，先后完成16 000多台手术。从开始站上手术台，吴孟超一站就是60多年。82岁时，他曾连续做10个小时手术，一滴水都没喝。直到97岁正式退休前，他每周还要做3台手术。他曾说："倒在手术台上，是我最大的幸福。"吴孟超被评为"感动中国2011年度人物",颁奖词上这样写道:"手中一把刀,心中一团火,他是不知疲倦的老马,要把病人一个一个驮过河。"

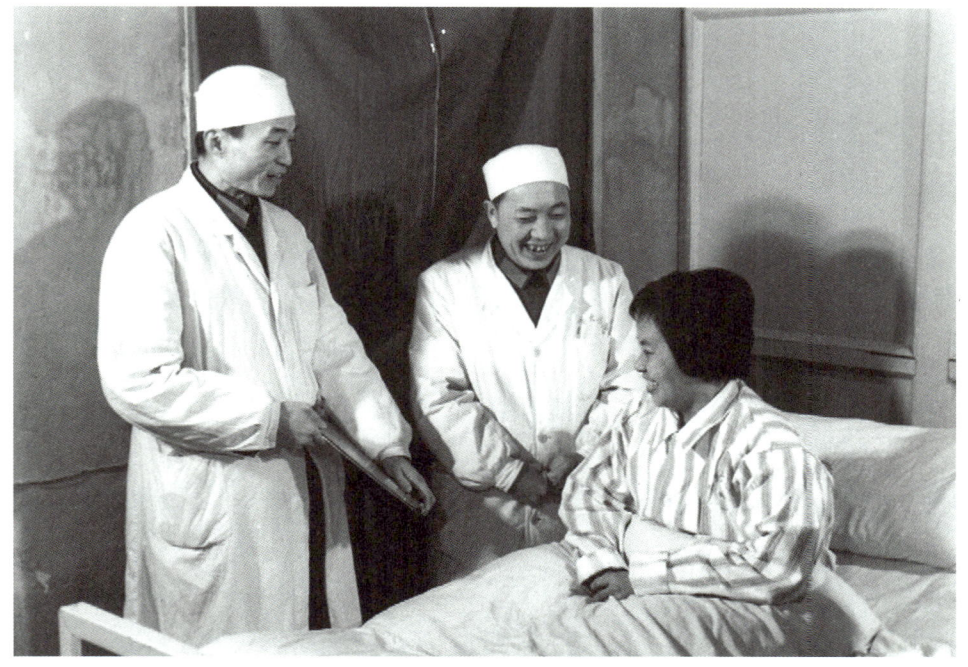

吴孟超在查看患者(海军军医大学第三附属医院供图)

这也是一双让患者感到温暖的手。吴孟超常说,作为一个医生,要一切为患者着想。"把病人当作你的亲人一样,所以你要用最便宜、最简单而且最有效的技术、手段来为病人解决问题,治好病,给病人最大限度地减轻负担。看到病人治好了,笑眯眯的,我们也高兴。"

一双手只能做一台手术救活一名患者,一套理论却能挽回千万条生命。吴孟超创立的"五叶四段"解剖学理论,奠定了中国肝脏外科的理论基础,把中国的肝癌手术成功率从不到50%提高到90%以上。他组建了世界上规模最大的肝脏外科专业研究所。经过几代人的不断努力,我国肝胆外科现在居于世界先进水平,每年延长数以十万计人的生命。

2006年1月,吴孟超荣获2005年度国家最高科学技术奖,成为我国医学界获此殊荣的第一人。他说:"国内很多优秀的外科学者比我更有资格得到这个荣誉,比如我的恩师裘法祖教授,还有那些已故的外科学的开创者。"

吴孟超从医70年,外人看来有着完美的职业生涯,但他说:"我也有遗憾。有的病人,比如说肝癌,有的晚期来了,来得太晚了,没有什么好办法……这时候我心里很难受,作为医生,没有能力给病人解决问题,这是最大的遗憾。"因为忙于工作,夫人吴佩煜嗔怪他,上班总是准时,回家却没个准点。

拿着沉甸甸的手模,项目组没有说话,但眼泪一直在眼眶里打转。特殊时期,特殊时刻,项目组匆匆告别医疗团队。事后项目组甚为遗憾,没有和医疗团队合个影,记录下这一特殊时刻。

吴孟超在工作(海军军医大学第三附属医院供图)

吴孟超院士的手模是项目组采集到的第一个手模。万事开头难，项目组感受到了肩上沉甸甸的责任。返回路上，项目组再三告诫，我们不可能来采集第二次，千万别把印模弄丢或损坏了。项目组同时商定，下次采集手模一定要提前做好准备，制作好两块印模，以防万一。此外，将手模印模边框换成红色，显得喜庆些。

2021年5月22日13时02分，吴孟超逝世；5分钟后，袁隆平逝世。举国上下，泪雨滂沱。中国科学技术馆向公众免费放映电影《我是医生》《袁隆平》。5月30日"全国科技工作者日"，中国科学技术馆辅导员和小小志愿者站在吴孟超和袁隆平两位院士的手模旁，深情朗诵散文诗《国士无双》，沉痛悼念刚刚逝去的两位国士，满座潸然。

项目组采集完手模后留影

参考文献

［1］汪建强．医本仁术：吴孟超传［M］．南京：江苏人民出版社，2009.

［2］王宏甲，刘标玖．吴孟超传［M］．北京：华文出版社，2012.

［3］方鸿辉．肝胆相照：吴孟超［M］．上海：上海交通大学出版社，2013.

［4］国家科学技术奖励工作办公室．信念、创新、奉献：国家最高科学技术奖获奖者风采［M］．北京：科学技术文献出版社，2015.

［5］中国中央电视台．感动中国·2011年度人物　吴孟超［Z］．2012-02-03.

［6］王阳．他是那颗永远散发着大爱光芒的巨星：追忆中国肝胆外科之父吴孟超院士［EB/OL］．（2021-05-24）［2022-03-02］．https://mp.weixin.qq.com/s?src=11&timestamp=1667869214&ver=4153&signature=uc4HGBjdsv5zIPN1GQrpdSEDKGPfMO5yKID8XAnDPrYQAXwHWHfgXGo5qK0V863TdTWpj7YA8-gv0m1SHwxLh5VdUVd2N86pDjkFU3LIi0zF2HTVY*iR4aZ336EpA0Fk&new=1.

曾庆存：为国、为民、为科学

曾庆存，1935年5月生，广东阳江人，1956年毕业于北京大学物理系气象专业，1961年在苏联科学院应用地球物理研究所获副博士学位。先后在中国科学院地球物理研究所和大气物理研究所工作，曾任大气物理研究所所长、中国气象学会理事长、中国科学技术协会副主席，是中国科学院院士、俄罗斯科学院外籍院士、发展中国家科学院院士、第十三届和第十四届中共中央候补委员。曾庆存院士为现代大气科学和气象事业的两大领域——数值天气预报和气象卫星遥感做出了开创性和基础性的贡献，为国际上推进大气科学和地球流体力学发展成为现代先进学科做出了关键性贡献。荣获2019年度国家最高科学技术奖。

2020年7月9日，北京细雨绵绵，在这仲夏难得的凉爽天气里，项目组前往中国科学院大气物理研究所（简称"大气所"）采集曾庆存院士手模，这也是项目组首次见到国家最高科学技术奖获奖科学家本人。

曾庆存院士虽然已是85岁高龄，但仍然时常来到大气所，牵头国家级课题，带领团队开展研究工作。当项目组抵达时，曾院士早已在办公室等待，他亲切地问好："欢迎你们的到来，特殊时期咱们就不握手了，抱个拳吧！"曾院士的幽默引得大家哈哈大笑。

曾庆存1935年出生在广东阳江一个贫困的农民家庭，他曾在回忆文章《和泪而书的敬怀篇》中写道："小时候家贫如洗，拍壁无尘。双亲率孩子们力耕垅亩，却只能过着朝望晚米的生活。深夜劳动归来，皓月当空，在门前摆开小桌，一家人喝着月照有影的稀粥——这就是美好的晚餐了。"

曾庆存院士
（中科院大气物理所供图）

曾庆存和哥哥打着赤脚，衣衫褴褛，每日往返于田间和学堂。到了晚上，"父亲手执火把，和我们一起温习功课，督促我们做作业"。弟兄二人对来之不易的读书机会倍加珍惜，学习异常刻苦。小学没毕业，他们便参加"跳考"，直接进入初中读书。上了中学，兄弟俩又因成绩优异，先后获得了公费读书的机会，而全校公费读书的名额总共不过 16 个。

新中国成立后，县政府派车送曾庆存他们全班毕业生去广州考大学。"这是做梦也想不到的事，大家的豪情快意不言而喻。"曾庆存考上了北京大学物理系，当时新中国急需气象科学人才，他听从国家安排，被分配到气象专业。班上学习风气很好，同学们互称"战士"。"我们班是模范班，大家互相帮助，不让每一个学习的战士掉队。"大学四年，曾庆存的身高也由不到 1.5 米长到超过 1.7 米。

1957 年，曾庆存兄弟俩被选拔派遣至苏联留学。然而，因为家贫他想早点工作，建议哥哥先去留学，哥哥则让他先去，兄弟俩争执不下。老师谢义炳得知后，按期给曾庆存家寄钱，他和哥哥得以去苏联留学。受恩师的影响，工作后对家庭有困难的学生，曾庆存常常自掏腰包帮助他们。

曾庆存（左）与哥哥曾庆丰 1960 年摄于莫斯科（中科院大气物理所供图）

留学期间,曾庆存师从国际著名气象学家基别尔。基别尔把当时国际气象学未解的难题——应用斜压原始方程组做数值天气预报交给他。师兄们都反对导师的做法:"如果他做不出来,毕不了业,怎么办?"曾庆存从分析大气运动规律的本质入手,用不同方法分别计算不同过程的方式,首创求解大气运动原始方程组的"半隐式差分法",破解了此前天气预报准确率不高的难题,这一方法沿用至今。那一年,曾庆存只有 26 岁。

1970 年,曾庆存接手中国气象卫星研制工作,这是一件从零开始的事情,跨度很大,难度超乎寻常,从确认方案到 1988 年第一颗风云 A 卫星上天,整整经过了 18 年。如今,我国气象科技世界一流,实现了全球监测、全球预报、全球服务。

1988 年,工作中的曾庆存(中科院大气物理所供图)

1990年，曾庆存在日内瓦参加世界气候大会，会上发达国家和发展中国家之间的矛盾异常突出，使气候变化问题变成了政治问题。在完全没有准备的情况下，曾庆存等中国专家陷入被动，中国代表团夜不能寐。曾庆存感慨道："陋巷雌风压语低，阔人高调与天齐。科坛似是容争辩，政界分明竞画皮。"回国后立刻给国家科委①写信："人家打我们的东西，不研究不行。"曾庆存再次进入新的领域，开始研究世界气候变化。

2016年，曾庆存荣获第61届"国际气象组织奖"（中科院大气物理所供图）

---

① 中华人民共和国国家科学技术委员会，简称国家科委。1998年，更名为中华人民共和国科学技术部。

在工作人员的协助下,曾院士顺利完成手模采集。采集中途,他接到一个电话,接了很久,助手说是骚扰电话,劝他挂了。曾院士说,他也知道是骚扰电话,只是不忍心拒绝别人。

采集完手模,曾院士寄语全国青少年:"广大的中国青少年们,你们好!你们是祖国的花朵,中国的未来,也是世界的未来,希望你们热爱祖国,热爱科学,服务人民,报效祖国。"

曾院士的寄语更像是殷殷嘱托,平实的话语让项目组看到了老一辈中国科学家纯粹的爱国情怀,令人非常感动。近距离感受大科学家的一言一行,对项目组也是一次精神的洗礼。

曾庆存在查阅资料(中科院大气物理所供图)

难得见一次,项目组计划给每位科学家拍几张肖像照。安装摄影器材、架设灯具,耗费了不少时间,惜时如金的曾院士一直非常配合。助手介绍说曾院士不擅长拍照,面对镜头时常常严肃拘谨,但这张肖像照捕捉到了曾院士在镜头前的自然笑容。助手开玩笑说:"以后介绍曾院士,就用这张照片了。"

除了科学家,曾庆存还是一位"诗人院士"。不过他说:"千万不要叫我诗人,我只是名诗歌爱好者。"他热爱书法,把书法当成紧张工作的调剂。曾院士答应抽空将青少年寄语写成书法作品赠予中国科学技术馆。没过多久,写好的寄语就快递过来了。

曾庆存采集手模时留影

读书 继承而不为所囿 探索 创新而不为求奇 做学问 求真理大约就是这样

曾庆存 二〇〇四年四月

| 曾庆存书法作品
（中科院大气物理所供图）

"我有着深深的遗憾。"2022年4月,曾庆存接受中央电视台访谈时说道。"一是当年家里困难,弟弟要照顾家里没有上大学,自己耽误了他的前程;二是没有报答过父母;三是科研上,中国气象学家是否形成了学派、在国际上有响当当的地位?时不我待,我已经老了,我寄希望于下一代。"

参考文献

[1] 曾庆存. 华夏钟情[M]. 北京:作家出版社,2002.

[2] 陈听雨. 科研报国永不悔 攀上珠峰踏北边:访2019年度国家最高科学技术奖获得者曾庆存[EB/OL]. (2020-01-10)[2022-04-01]. https://www.workercn.cn/364/202001/10/200110110935786_2.shtml.

[3] 倪思洁. 气象科学"老战士"曾庆存[N]. 中国科学报,2021-12-24.

[4] 中国中央电视台. 鲁健访谈·对话曾庆存[Z]. 2022-04-02.

袁隆平：知识、汗水、灵感、机遇

袁隆平（1929.8—2021.5），江西德安人，生于北京，国家杂交水稻工程技术研究中心、湖南杂交水稻研究中心原主任，中国工程院院士，中国杂交水稻研究领域的开创者和带头人。荣获中国第一个特等发明奖、首届国家最高科学技术奖、国家科学技术进步奖特等奖、"改革先锋"和"共和国勋章"。

1959年袁隆平在安江农校执教
（湖南杂交水稻研究中心供图）

2020年7月21日，长沙，骄阳似火。街头戴口罩的人已经很少，不过距离6月11日北京新发地疫情刚刚过去40天，疫情防控的弦仍处于紧绷状态。

这天距袁隆平从医院治疗出院才个把月，因此出于保证他健康的考虑，工作人员异常紧张。在国家杂交水稻工程技术研究中心，项目组和袁隆平的秘书商量手模采集细节，原计划摄像、摄影、采集手模的工作人员一共4个人去袁老家里采集，但出于确保绝对安全的考虑，最终确定进去两个人，采集时间是10分钟。这给手模采集带来了不小的挑战。当天下午，项目组全员"猫"在宾馆房间里,临时调整分工,反复商讨、排练采集和拍摄细节。负责手模采集的人员,现学如何使用专业相机……

7月22日上午,项目组如约来到袁隆平家中,一个独栋小院。"国家科技馆啊,我知道。"见到项目组,90岁的袁隆平高兴地打招呼。尽管袁隆平看上去身体不是太好了,但我们都知道上中学时,他曾夺得湖北省男子自由泳两块银牌。上大学时,入选飞行员。他曾开玩笑说:"我想做运动员,被淘汰了;想当飞行员,机会也没了;就来搞农业科研了!"

客厅里有一张麻将桌。主人除了游泳,打麻将也是一大乐趣。平时袁隆平会与家人和同事一起打打麻将,换换脑筋。他说,打麻将既是娱乐,又可以利用业余时间加强感情沟通,相互聊聊思想和感兴趣的话题。

袁隆平和助手一起研究杂交稻(湖南杂交水稻研究中心供图)

袁隆平说麻将桌前不适合拍照,于是项目组换到另一个房间。房间里东西不少,其中还挂着袁老与李克强总理的合影。项目组一边整理桌子,一边调试摄影器材,心里暗暗提醒:沉住气,不要慌。

准备就绪,袁隆平缓缓步入房间,坐在沙发上,听从项目组有关印手模的要求,并规范地在印模上按下双手。第一次没有按好,好在还准备了一块备用的印模。手模采集完毕,手印很完美,家人和身边工作人员纷纷合影留念,记录下这美好的一刻,大家都夸他"最帅90后"。

袁隆平采集手模(欧亚戈 摄)

随后,录制寄语视频。袁隆平对着摄像机,很快意地谈起他的8个字体会(工作人员在一旁说是他的成功"八字秘诀"),这也是他给全国青少年朋友的寄语。面对镜头,袁隆平非常有经验:"准备好了没有?准备好了没有?我开始说了。"

"有人问我,你成功的秘诀是什么?我说没什么秘诀,我只有经验,我搞成功的经验可以用8个字来概括,就是"知识、汗水、灵感、机遇"。知识是基础。汗水是实践,像孟子讲,要饿其体肤、劳其筋骨。要实践、要吃苦、要耐劳。还要有灵感,灵感在科学实践里面,与艺术创作一样,有同等重要性。所谓灵感就是思想火花,思想火花人人有,你不要放弃它。再一个是机遇,有句名言,巴斯德讲的,机会宠爱有心人,机会都有,就看你是不是有心,英文讲就是"Chance favors the prepared mind.",就是说是不是有心人,去面对机遇。这不是秘诀,这8个字是我的经验。"

袁隆平用很有底气的声音一口气说完上面这段话,条理清晰,没有停顿和多余的话。项目组立时感到特别有感染力,尤其是说出英语的时候,把项目组给"镇"住了,预感这条视频要火,只不过没想到后来那么火。视频录到一半的时候,窗外的知了突然叫起来,摄像师说录的声音里有一点杂音,问要不要再录一遍。大家表示,这一条已经足够好了,不用再录。

袁隆平因脸色黝黑看似农民模样,接触后才知道他其实是位大学者,过去读书时受过良好的教育。中学就读于著名的汉口博学中学,这是一所教会学校,教学用全英文,那可是兵荒马乱的20世纪40年代。袁隆平的英语启蒙来自母亲,然后就是教会学校训练出来的,讲得一口娴熟流利的英文。

袁隆平1929年出生于北平,故名"袁隆平"。他曾说对他影响最大的是他的母亲。袁隆平80寿辰时,他朗诵散文《妈妈,稻子熟了》,满堂泪下。

良好的教育尤其是流利的英语,让袁隆平有着广阔的国际视野,使他在研究杂交水稻的过程中能够破除对苏联的迷信,及时调整研究方向。当然,袁隆平的勤奋是出了名的。"稀土之父"徐光宪认为:"成功的要素5分是勤奋,2分是才华,3分是机遇。"袁隆平的勤奋和在田间工作的艰辛打10分。

录制完寄语视频,项目组特别想与袁隆平合影留念,但鉴于疫情和袁老的身体状况,这个要求没有提,回想起来真是遗憾。临走收拾器材,袁隆平家的小猫趴在摄影器材上,赶都赶不走,似乎要留两位不速之客多待一会儿。项目组从进门到出门一共待了28分钟。

1930年袁隆平与哥哥袁隆津、母亲华静（湖南杂交水稻研究中心供图）

袁隆平与家人合影

2020年9月19日，"国家最高科学技术奖获奖科学家手模墙"面向公众正式开放，科学家寄语视频同时发布，引起海量传播，媒体争着索要袁隆平等科学家的寄语视频原始素材。不少网友表示，"早看到这条新闻，公务员考试就考好了""我要向袁老学英语"。央视新闻微博话题"袁隆平再秀英语"阅读量超过1.4亿次，联合国教科文组织中文官方微博也转载了袁隆平的"八字秘诀"。两天后，刘鹤副总理前来中国科学技术馆参加"全国科普日"活动，他站在袁隆平的手模前，默默欣赏这8个字。

参考文献

［1］袁隆平. 袁隆平自传［M］. 辛业芸，访问整理. 长江：湖南教育出版社，2015.

［2］姚昆仑. 梦圆大地：袁隆平传［M］. 北京：中国地图出版社，2015.

［3］叶青，黄艳红，朱晶. 举重若重：徐光宪传［M］. 北京：中国科学技术出版社，2013.

王永志：机遇只垂青于有准备的人

王永志，1932年11月出生，辽宁省昌图县人。中国工程院首批院士，中国载人航天工程首任总设计师。他长期致力于我国战略导弹、运载火箭和载人航天工程的研制试验工作，为中国航天事业和国防建设的发展做出了重大贡献。荣获2003年度国家最高科学技术奖。

王永志采集手模（王朋 摄）

2020年7月24日，北京，项目组前往王永志院士家中采集手模。王永志院士住的地方离中国科学技术馆不远，让项目组产生了亲近感。时值新冠肺炎疫情期间，陌生人见面都小心翼翼，但项目组依然受到了王永志院士的热情接待。

1932年11月，王永志出生于辽宁省昌图县，家境贫寒，全家十几口人挤在三间破旧不堪的土坯房里。7岁时他哭着闹着要上学，大哥瞒着不让上学的父亲先斩后奏，偷偷带他报名上学。老师听到他这么想上学，心想"有志者，事竟成"，故给他取名"王永志"。对来之不易的学习机会，他格外珍惜，在课堂把所学的知识弄明白了，回家的路上还得背，怕成绩不好家里会不让他去上学。尽管回家还得干活，但他的成绩总是名列前茅。

当时的东北还属于伪满洲国，推行日式教育，每天早上要对着日本东京的方向礼拜。"到五年级日本倒台，我都不知道有中国。"土地改革后，王永志家分了土地和牲口，生活状况迅速扭转，他萌生了报效祖国的愿望，学习劲头更足了，年年考第一。1949年，还在上初中的王永志积极加入了中国共产党。

1952年报考大学时，正值抗美援朝，空袭警报不断，学校被迫停课，王永志放弃物种改良的愿望，立志设计飞机、保家卫国，考进清华大学航空系。1955年他被派往莫斯科航空学院留学，两年后根据国家需要由飞机设计改学导弹设计专业。他所有功课几乎全是5分，毕业论文《洲际导弹设计》也得了5分，获得了优秀毕业生证书。

王永志回国后参加了我国第一枚中近程火箭的设计研制，钱学森担任技术总指挥。发射前因温度升高使得原先设计的推进剂装不进去，导致射程不够，大家都没有办法。王永志提出泄出600公斤燃料，起飞质量变轻，射程会因此而变远，但无人认同。他大胆地找到钱学森，说出了自己的想法，并用公式仔细地演算给钱老看，钱老觉得很周密，各个条件都考虑到了："这个年轻人的意见对，就按他的办！"火箭首次试射便获成功。钱学森曾几次提及此事，说他有"逆向思维"。1979年，按照钱学森"第二代战略导弹研制要由第二代人挂帅，并建议由王永志出任总设计师"的提议，王永志被任命为

王永志苏联留学照
（载人航天工程办公室王朋供图）

该型号总设计师。如今，东风快递，使命必达。王永志豪迈地说："谁敢找事，捣他老家。"

在王永志的一生中，研制"长征二号E"风险最大，载人航天则是他遇到的最大挑战。1992年11月，已是花甲之年的王永志被任命为我国载人航天工程的首任总设计师。王永志几乎每天都在处理问题、解决问题，精神高度紧张。"用东北话说，压力贼大。"

有一次，"神舟三号"的发射时间已经确定，试验队全都已经进了发射场，飞船测试时发现穿舱插座有问题，王永志要求重新设计生产，彻底解决问题。美国、苏联载人前都进行了很多大动物试验，"神舟五号"的航天员杨利伟上天之前，中国没有做过大动物实验，怎么样确保航天员的安全？"为什么可以这么做，就是利用后发优势，他们动物试验已经做过了，人已经上过天了，我们还需要做吗？我可以把许多事情避开跨越

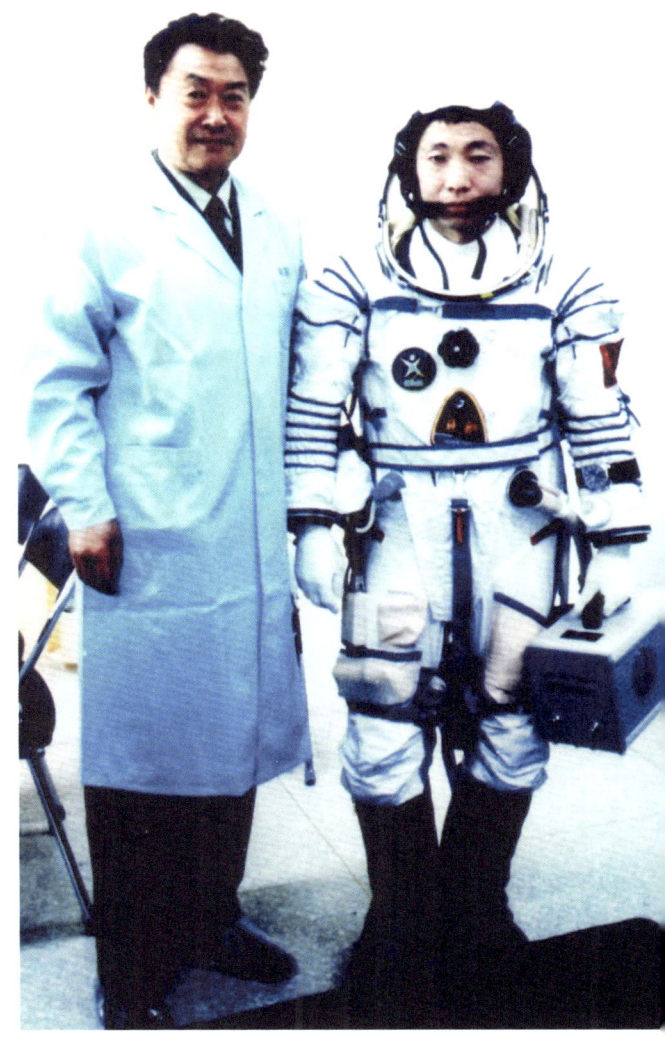

"神舟五号"发射前，王永志与杨利伟合影（载人航天工程办公室王朋供图）

过去,主要是下决心承担这个责任。如果出现闪失,最后提议者责无旁贷。"这些艰难决定的背后,王永志顶着巨大的压力。

2003年10月,杨利伟遨游太空成功返回地球,神采奕奕走出返回舱,那一刻王永志热泪盈眶。把导弹送到地球任何需要的地方,把卫星送入不同的空间轨道,把中国人送上太空——王永志人生三大梦想至此全部实现。当然,他还有第4个梦想,就是中国人登上月球。

王永志院士热衷科普事业,与中国科学技术馆缘分很深。他曾亲临中国科学技术馆在"神舟五号"载人舱前做"讲解员",参加中国科学技术馆新馆内容建设院士座谈会,并针对航天科技板块提出具体的意见与建议,出席中国科学技术馆新馆奠基活动等。

王永志院士已是88岁高龄,精神矍铄,穿着印有中国载人航天标志的衬衫,风采依旧,头发梳得一丝不苟。原约定周一采集,后考虑到要拍照录像,因为疫情王永志院士长时间没有理发,头发有点长需要修理,改为周五。王永志被称为"王大总",未曾见面,项目组以为他是很严肃、不怒自威的人,没想到见面后非常和蔼,对晚辈们十分关照。

王永志院士伉俪合影(王朋 摄)

王永志院士夫人王丹阳精神很好，掌握俄语、英语、德语、日语等语言，两人共同编写了47万字《同步通信卫星的发射》。在爱人的"指挥"下，这位昔日的总指挥全力配合，顺利完成了手模采集。

王永志院士的秘书王朋经历了中国载人航天着陆场的选勘全过程，喜欢摄影，项目组于是请他拍摄。项目组明白，面对陌生人，每个人多少都会紧张，能让熟悉的人拍摄最合适不过了。果然王朋拍摄的照片中王院士的表情非常自然。拍摄时，他特意整理了王永志院士的头发，调整了拍摄角度，航天人一丝不苟的做事风格展现无遗。

录制寄语是提前就和王永志院士确定的环节，然而采集手模时他仍在已经写好的寄语上反复斟酌，修改内容。他一字一句，郑重寄语全国青少年："机遇只垂青于有准备的人。怎样成为有准备的人呢？就是要把自己的爱好和理想同国家的需要紧密地结合起来，这样就会得到永不枯竭的前进动力，甚至还会有更多的机遇。"

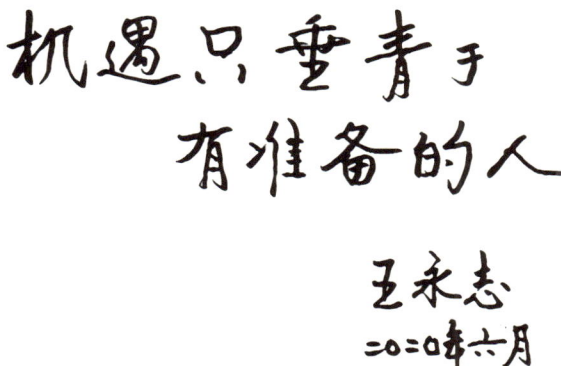

王永志手写寄语

手模采集工作得到了科学家们的大力支持，项目组的付出也获得了认可。王朋表示："你们这次准备得很好，考虑得很周全，细节把控得很到位，付出的心血很多。感谢你们。"

参考文献

[1] 姚昆仑.王永志传［M］.北京：航空工业出版社，2015.

[2] 国家科学技术奖励工作办公室.信念、创新、奉献：国家最高科学技术奖获奖者风采［M］.北京：科学技术文献出版社，2015.

[3] 王渝生.王永志：大梦飞天　矢志不渝［N］.科技日报，2017-07-31.

[4] 中国中央电视台.吾家吾国·独家专访中国载人航天工程首任总设计师王永志：揭秘载人航天大跨越背后［Z］.2022-04-30.

钱七虎：身体好、学习好、工作好

钱七虎，1937年10月生，江苏昆山人。1960年毕业于哈尔滨军事工程学院防护工程专业；1961—1965年在莫斯科古比雪夫军事工程学院学习，获副博士学位，回国后一直从事防护工程教学科研工作。1994年当选中国工程院院士。他是我国著名的防护工程学家，现代防护工程理论的奠基人、防护工程学科的创立者、防护工程科技创新的引领者，为我国防护工程各个时期的建设发展做出了杰出贡献。2018年度国家最高科学技术奖获得者。

2020年7月24日，北京，某部队大院，项目组前往采集钱七虎院士手模。83岁的钱七虎院士，满头银发、生龙活虎，在国家最高科学技术奖获奖科学家中属于"年轻人"。

1937年8月，日军大举侵略上海。钱七虎的母亲在一条逃难的小船上生下了他，因排行老七取名"七虎"。逃难途中，怕哭声引来日本兵，父亲劝母亲捂住钱七虎的嘴巴，不让他啼哭，他差点被捂死。

7岁时，钱七虎父亲因病去世，一家人风雨飘摇，母亲和姐姐靠摆小摊贩鱼维持全家生计。新中国成立后，依靠政府的助学金，钱七虎完成了学业。勤奋好学的他考入著名的上海中学，担任团委书记，高中毕业时6门功课有4门都是100分。他的成绩单还被当作慰问品，送到抗美援朝前线激励志愿军战士。

钱七虎院士
（陆军工程大学供图）

第二章　手模采集

青年钱七虎（陆军工程大学供图）

作为上海知名中学的优秀毕业生，17岁的钱七虎面临着两难选择：留学苏联，还是响应国家急需军事人才的号召就读哈尔滨军事工程学院？他选择了后者。"当时防护工程专业没人选，因为要跟黄土铁铲打交道，但是我始终服从组织分配，让我学什么就学什么。"大学6年他只回过一次家，而被评为优秀学员的奖状每年都准时飞到家乡母亲手中。18岁时，他加入了中国共产党。为了锻炼身体，在哈尔滨寒冷的冬天里，他冲冷水澡，也经常思考"一个人活着是为了什么？"等人生问题。

1960年，钱七虎以哈尔滨军事工程学院当年唯一的6年全优毕业生的优异成绩，被选派到苏联莫斯科古比雪夫军事工程学院学习防护工程理论。"如果没有国家的助学金我就不可能上大学，也不可能出国留学。"钱七虎抓紧学习，白天晚上都安排得特别满，在苏联4年连列宁墓都没有去过。

20世纪70年代,钱七虎受命设计飞机机库的洞库门,以有效抵御核爆炸产生的冲击波。当时飞机洞库门设计由于计算精度不够,无法自动开启。从未接触过计算机的钱七虎,把自己关在房间里,阅读10多万字"天书"一样的外文操作手册,自学计算机语言编程。两天后,钱七虎说"看懂了!"并拿出一份编好的程序,同事们惊讶得说不出话来。钱七虎觉得,"这无非都是数学、物理、电子学这些东西嘛"。

"学习是没有止境的,人只有不断进步,才能跟得上客观形势、跟得上组织的要求。"改革开放初期,钱七虎将过去10年的研究论文集中发表,震惊业界。在1979年召开的全国性学术会议上,钱七虎一人就有8篇关于防护工程方面的前沿论文和研究成果入选。1980年,学院组织职称评审,助教、讲师都不是的钱七虎被破格评上了副教授。在钱七虎看来,学习是件有趣的事:"我钻研,不知道的东西经过学习变成知道的,得到了无上的愉快。"

钱七虎调研白鹤滩(陆军工程大学供图)

"奋斗一甲子,铸盾六十年。"除了建设地下钢铁长城,钱七虎还是我国民生工程的领路人。1992年建设珠海机场,钱七虎主持爆破,用相当于广岛原子弹当量的炸药,精准地炸掉了一座山,被称为"亚洲第一爆",至今仍保持着世界最大条形装药工程爆破当量的纪录。2002年,钱七虎建议在长江修建越江隧道。2010年5月,南京长江隧道全线通车运营,这是长江上隧道长度最长、盾构直径最大、工程难度最大的工程之一,钱七虎被授予该工程建设的一等功臣。每次驾车经过,钱七虎格外自豪。

"为国家、为老百姓做事,心里感到很满足。"作为多个国家重大工程的专家组成员,钱七虎对南水北调、西气东输、港珠澳大桥、白鹤滩水电站、能源地下储备、核废物深地质处置、地下施工盾构机国产化等提出了决策建议,并多次赴现场提出解决方案。他时常思考交通拥堵了、城市空气污染了,自己能做什么贡献。"这是我的责任,一个科学家的责任。"

采集钱七虎手模

项目组拍摄的钱七虎肖像

面对纷至沓来的赞誉，钱七虎最喜欢科技工作者这个称谓。虽然是少将军衔，但钱七虎非常随和，对于手模采集和视频录制有求必应。"导演怎么说，我就怎么办。"佩戴话筒时，一点也没有将军的架子。他寄语全国青少年："身体好、学习好、工作好。"毛泽东主席当年说的这句话，对他影响至深。

虽然年过八旬，但钱七虎院士步履矫健，走路特别快。"'忙'是我一生的写照。"带领科研团队讨论课题，看新闻，健身占据了他每日的大部分业余时间。如今，钱七虎仍然保持着早年洗凉水澡的习惯，一有空就去游泳。在他看来，运动是为了强健体魄，更好地服务科研工作。

"我最大的遗憾，就是尽孝道不够，而且无法弥补了。" 因为工作忙，钱七虎一年中有 2/3 的时间都在外地，很少有时间顾及家庭。未能带母亲进饭馆好好吃上一顿、坐一次飞机，让钱七虎始终难以释怀。为此他劝告别人："能够孝敬父母是最大的幸福。"他将母亲和妻子名字中各取一个字，设立"瑾晖基金"，帮助他人。

"有我父亲在的场合绝对不允许剩饭剩菜。"他的女儿说。生活中钱七虎勤俭朴素，但对捐资助人却非常大方，他将所获国家最高科学技术奖奖金及地方给予的配套奖励共 1600 万元全部捐出。"一个人不能只想着自己好，要关心更多的人。"母亲质朴的教诲，影响了钱七虎一生。

参考文献

[1] 沈慧. 国家最高科学技术奖获得者钱七虎：矢志报国 铸盾强军[N]. 经济日报，2019-01-09.

[2] 中国中央电视台. 财经人物周刊·钱七虎"为国铸盾"[Z]. 2019-09-16.

[3] 李文峰. 从榜样身上读懂勤俭钱七虎：为国铸盾者的朴素人生[EB/OL].（2020-08-25）[2021-07-24]. https://www.ccdi.gov.cn/toutiaon/202008/t20200824_97969.html.

屠呦呦：青蒿素是中医药献给世界的一份礼物

屠呦呦，1930年12月出生，浙江宁波人，1955年北京医学院药学系毕业后，分配到卫生部中医研究院（现中国中医科学院）中药研究所工作。中国中医科学院终身研究员、荣誉首席研究员，中国中医科学院青蒿素研究中心主任。她发现青蒿素，为中医药科技创新和人类健康事业做出巨大贡献。2015年度诺贝尔生理学或医学奖、2016年度国家最高科学技术奖、"共和国勋章"获得者。

2020年7月28日，我[①]随中国科学技术馆科学家手模采集项目组赴屠呦呦老师家进行手模采集。商务车急行在马路上，车窗外的景色在眼前快速掠过，离屠呦呦老师家也越来越近了，而我却抑制不住激动的心情……一想到马上就能见到屠呦呦老师，心里充满期待。要知道，屠呦呦老师可是我心中的偶像呢！

记得那是2015年国庆节假期刚结束，我正跟同事在会议室一起讨论展览设计方案，突然听到有人在楼道里大声说："中国科学家获诺奖了！"当时心头一震，心想："是谁获得诺奖了？太了不起了！"随即，大家暂时停下手头的事情，纷纷拿起手机赶紧搜索新闻。一条消息随即映入眼帘"瑞典卡罗琳医学院5日宣布，将把2015年诺贝尔生理学或医学奖授予中国科学家屠呦呦、爱尔兰科学家威廉·坎贝尔和日本科学家大村智，以表彰他们在寄生虫病研究和治疗方面取得的成就。"这是多么神圣的荣誉啊！当时，屠呦

[①] 作者为中国科学技术馆原副馆长隋京花。

呦的名字对于我来说还十分陌生，但是看到这些报道时，崇敬之心油然而生，当了解到更多关于屠呦呦老师的故事时，她便成了我心中十分崇敬的偶像。

屠呦呦在工作（中国中医科学院青蒿素中心供图）

2012年，莫言作为首位中国籍诺贝尔奖获得者，获得诺贝尔文学奖之后，中国公众更期待能有一位本土科学家摘得诺贝尔奖科学类奖项，85岁的屠呦呦不负众望，成为中国第一位获得诺贝尔科学类奖项获得者。诺贝尔奖评选委员会这样评价屠呦呦的贡献："由寄生虫引发的疾病困扰了人类几千年，构成重大的全球性健康问题，屠呦呦发现的青蒿素应用在治疗中，使疟疾患者的死亡率显著降低，在改善人类健康和减少患者病痛方面的成果无法估量。"

少女时期的屠呦呦
（中国中医科学院青蒿素中心供图）

疟疾是世界性传染病,每年有数百万人因感染疟疾而导致死亡。20世纪60年代,很多国家都花费了大量人力和物力,希望找出有效的新药,但始终没有获得满意的结果。1969年1月,屠呦呦接到一项艰巨的任务,她被任命为中医研究院中药抗疟科研组组长,从此,开启了长达几十年的抗疟征程。自打从2000多个药方的研究中确定了以中药青蒿为主的研究方向开始,屠呦呦便与青蒿素结下了不解之缘。

无数个日日夜夜研究,数百次失败的煎熬,她带领团队在抗疟药物研发道路上默默耕耘了40多个春秋,终于让青蒿素成为中国献给世界的礼物,已经挽救了全球特别是发展中国家数百万人的生命。青蒿素的研发,是屠呦呦老师生命中的重要历程,也是她人生的绚丽风采。如今已年近九旬的屠呦呦,仍继续主持着青蒿素的科学研究工作,并致力于创造出新的成果,继续书写着造福于人类健康的新篇章。

20世纪50年代,屠呦呦与老师楼之岑副教授(中国中医科学院青蒿素中心供图)

"就是这个小区!"同事的话打断了我的思绪,放眼望去,这是北京市朝阳区的一个居民小区,屠呦呦老师就住在一栋普通居民楼里。敲开门,我们一行人终于见到屠呦呦老师了,感觉比电视上瘦了许多。她老伴李廷钊老师笑着说:"你们早到了5分钟。"大家相视一笑。李廷钊老师告诉我们,屠呦呦老师刚刚病好出院,便配合我们的手模采集工作了,这让我们非常感动。在预约手模采集时间的时候,屠呦呦老师也表示:"这是国家任务,我会大力支持。"

在等待拍摄的过程中,屠呦呦老师问我:"国际上也有这样的手模采集吗?"我说:"国际上也有,但向公众公开展示的大部分都是影视明星的手模,我们中国科技馆与国家奖励办这次推出科学家手模墙展示,是将我们中国的科学家作为明星。"屠呦呦老师接着说:"那你们做得可真好!"随即,我怀着忐忑的心情询问是否可以跟屠呦呦老师合张影,她爽快地说:"当然可以啦!"屠呦呦老师为世界人民做出巨大贡献,却如此平易近人,更加令我敬佩。这张照片也成为我永久的珍藏!

采集完手模,我们请屠呦呦老师录制一段给青少年的寄语,她思索片刻说,就这句吧:"青蒿素是中医药献给世界的一份礼物。"这也是她在诺贝尔奖颁奖典礼上的演讲题目,深深地表达出屠呦呦老师对青蒿素、对中医药的那份情怀。

手模采集和视频录制顺利完成,大家起身告辞。这时候,屠呦呦老师的医生前来为她检查身体,从她说话的声音中也能听得出来,病体初愈的她身体还比较虚弱,但却坚持着完成了手模采集工作,这让我们对面前的这位老人更加充满了敬意。门口玄关处一个普通的玻璃柜里,放着屠呦呦老师获得的诺贝尔奖章,这是她一生心血的见证,也是全体中国人民的骄傲。

第二章　手模采集

屠呦呦采集手模

屠呦呦与作者合影

参考文献

［1］饶毅，张大庆，黎润红. 呦呦有蒿：屠呦呦与青蒿素［M］. 北京：中国科学技术出版社，2015.

［2］屠呦呦传编写组. 屠呦呦传［M］. 北京：人民出版社，2015.

王小谟：掌握核心技术，必须从基础做起

王小谟（1938.11—2023.3），1961年毕业于北京工业学院（现北京理工大学），曾任电子工业部第38研究所所长、信息产业部电子科学研究院常务副院长、中国电子科技集团公司电子科学研究院科技委主任等职。1995年当选中国工程院院士。王小谟院士是我国著名雷达专家，现代预警机事业的开拓者和奠基人。2012年度国家最高科学技术奖获得者。

2020年7月29日一早，在中国科学技术馆做好采集科学家手模准备工作后，项目组乘车来到王小谟院士所在的中国电子科技集团公司电子科学研究院（简称"中国电子科学研究院"）。电子科学研究院是保密单位，待王小谟助手办好来访手续后，项目组才被允许进入。院士助手把我们带到了办公大楼顶层走廊尽头的一间办公室，这里正是王小谟院士的办公室，今天将在这采集手模，并录制科学家寄语。

王小谟院士的办公室宽敞明亮，其中两面墙摆满了书柜。书籍以雷达、通信、兵工科技等专业书籍为主，也有一些战略管理、战略思维的畅销书。办公桌上放着一个小牌子，上面写着保密守则。办公桌和书架上摆放着多架预警机模型，这些飞机背上都有个"大蘑菇"，"大蘑菇"里面装载着雷达系统。

项目组的同志们利用王小谟院士来之前的空档时间，调配手模材料、确定拍摄位置、调节拍摄光线、调试拍摄和录音设备等。在将要准备就绪时，听到走廊传来一阵洪亮的谈话声，是王小谟院士来了。

科学家手模
背后的故事

王小谟院士（中国电子科学研究院供图）

王小谟院士对项目组的同志们十分热情，一见面就谈起了中国科学技术馆，"科技馆建得特别好，我经常带孙子到科技馆玩。"王小谟院士的一席话很快拉近了与大家的距离。

项目组有个同志是贵州人，来之前了解到王小谟院士在贵州工作了十几年，就聊起了贵州这个话题。王小谟院士回顾了自己年轻时在贵州工作的情景，如今对工作过的地方依然很熟悉。1969年，王小谟接到了一个调令：到"三线"去。跟王小谟一起从14所去贵州的有八九百人，他们在都匀大坪镇组成了一个新的研究所——电子工业部第38研究所（现中国电子科技集团公司第38研究所，简称"38所"）。他们边建设、边施工安装、边生产，条件十分艰苦。13年后，那里诞生了我国第一台三坐标雷达。在艰苦的条件下，王小谟不忘培养年轻人。1985年他从中国科学技术大学招录了7名定向研究生，这7名研究生毕业后都去了"38所"工作,其中就有担任"空警2000"总设计师的陆军院士。

谈到"国家最高科学技术奖"颁发条件,王小谟说:"要拿这个奖,首先一条就是这一行里没人做得比你更好。"

手模采集完毕拍照留影时,摄影师建议把预警机作为布景,王小谟欣然同意。当工作人员随意选了一架预警机模型作为拍摄背景时,王小谟指着办公桌上另一架说:"拿这一架,这一架是我设计的"。那架飞机有些不同寻常,机型较大,机背上驼了个扁圆形的"大蘑菇",头上还插了许多"小毛刺"。为什么王小谟院士对这架飞机情有独钟呢?

王小谟在调试雷达(中国电子科学研究院供图)

　　原来这架飞机是"空警2000"预警机,曾在2009年10月1日新中国成立60周年国庆阅兵式上作为领航机型,引领机群,米秒不差地飞过天安门广场。"空警2000"是王小谟担任总顾问,由学生陆军担任总设计师,自行研制并形成战斗力的大型预警机。"空警2000"采用相控阵雷达,可进行360度全方位探测,能同时引导几十架战斗机攻击,被称为"空中帅府"。"空警2000"的成功研制和部署使用,实现了中国在预警机技术上体制自主化、设备集成化、功能多样化的发展路子,也实现了防空预警从"以陆为主"到"陆空结合"的发展路子。这对于促进中国人民解放军空军从"国土防空"向"攻防兼备"转变具有里程碑意义。

　　"空警2000"创造了世界预警机发展史上的9个第一,突破100余项关键技术,累计获得重大专利近30项,是世界上看得最远、功能最多、系统集成最复杂的机载信息化武器装备之一。2008年"空警2000"获得国防科学技术进步奖特等奖,2010年更是荣获了国家科学技术进步奖特等奖。

　　为了勉励青少年热爱科学、报效祖国,王小谟为青少年录制了科学家寄语。他用播音员般浑厚洪亮的声音说道:"掌握核心技术必须从基础做起。"

　　王小谟被称为"军工界里的刀马旦"。他从小在北京大杂院长大,父亲曾担任冯玉祥的参谋,小时候十分淘气,曾因不服老师批评偷偷拔过老师自行车的气门芯。他十分痴迷京剧,尤其喜欢梅派,喜欢唱旦角,拉得一手好二胡,高中毕业那年被北方昆曲剧院相中,差点走上专业艺术的道路。他从事科研工作跟京剧爱好也有很大关系。中学时他为了方便听戏,自己组装了一台收音机,也因此喜欢上了无线电,为他后来学习雷达打下了基础。

第二章 手模采集

王小谟指导技术人员工作（中国电子科学研究院供图）

青年王小谟（左）（中国电子科学研究院供图）

曾有位京剧艺术家问王小谟:"钱学森、王选等科学家都很喜欢音乐,您也喜欢音乐,科学和音乐有什么关系吗?"王小谟回答说:"有关系。学什么,都要先入门,打好基础,掌握了基本功后才能把自己的想法融入进去。比如唱戏,开始先练基本功,模仿各派大家的唱法,后面才能把各种技艺融会贯通,形成自己的风格。做科研也类似,先把基础打好入了门,学通了才能把自己的想法融入进去,这样就有创新了。"王小谟认为从事科研工作要坚韧,"再坚持一下也许就成功了",这也是"自力更生、创新图强、协同作战、顽强拼搏"的预警机精神的质朴诠释。

王小谟虽已年逾八旬,但仍奋战在科研一线,每天都来中国电子科学研究院上班,每周都与课题组的年轻人一起研讨技术问题。采集完手模,王小谟立刻赶去跟学生们开研讨会了。

王小谟采集手模

2020年9月19日，"国家最高科学技术奖获奖科学家手模墙"在中国科学技术馆举行揭幕仪式，王小谟和赵忠贤院士亲临现场见证手模墙揭幕，他俩也是健在的国家最高科学技术奖获得者中最年轻的两位。时任中国科学技术协会党组书记怀进鹏亲自将手模赠予两位科学家。现场气氛热烈，很多观众尤其是青少年小朋友非常崇拜科学家，想跟王小谟合影，他都欣然同意，于是留下了多张王小谟和"粉丝"的合影。

2023年3月6日，王小谟院士因病辞世，享年84岁。丰碑矗立，风范永存。

参考文献

［1］姚远，刘凡君. 王小谟传［M］. 北京：航空工业出版社，2015.
［2］国家科学技术奖励工作办公室. 信念、创新、奉献：国家最高科学技术奖获奖者风采［M］. 北京：科学技术文献出版社，2015.
［3］中国中央电视台. 我的艺术清单·王小谟［Z］. 2020-07-02.

金怡濂：计算机是年轻的学科，也是青年人的事业

金怡濂，1929年9月生于天津，原籍江苏常州，1935年进入天津耀华学校，1951年毕业于清华大学电机系，1956—1958年在苏联进修电子计算机技术，1994年当选为中国工程院院士，高性能计算机专家，我国巨型计算机事业的开拓者之一。曾获全国科学大会奖、国家科学技术进步奖特等奖两次、国家科学技术进步奖一等奖一次、2002年度国家最高科学技术奖。

2020年7月30日，北京，由中国科学技术协会党组成员、中国科学技术馆馆长殷皓，国家科学技术奖励工作办公室（简称"奖励办"）副主任高洪善带队，前往采集91岁的金怡濂院士手模。

殷皓馆长和金怡濂院士均出生于天津，两人一见面就有聊不完的话题。殷皓馆长代表中国科学技术协会党组、中国科学技术馆向金怡濂院士表示敬意，并介绍了中国科学技术馆的近期工作，希望他支持中国科学技术馆征集科学家科研实物工作，金怡濂院士欣然应允。

1929年9月，金怡濂院士出生于天津一个知识分子家庭。父亲金奎是留学美国的工程师，母亲王畹兰家学渊源，大舅王庚毕业于西点军校。金奎为人正直，被称为"四方豆腐干"，当年抱着科学救国的理想出国留学。他经常对金怡濂说："只有科学和技术才是最清白、最清高的。只有发展科学技术，中国才能强大。"

金怡濂小时候有点"书呆子"相，总是分不清姑妈、姨妈、舅妈的区别在哪儿。1935年，金怡濂进入著名的天津耀华学校学习。校长赵天麟曾任北洋大学校长，他一身正气，两个儿子和金怡濂是同班同学。1938年6月，赵天麟遭日本特务暗杀，金怡濂和同学们悲愤万分。当时的国文老师在黑板上写道："好好读书，报效祖国。打倒日寇，为敬爱的赵校长报仇！"

| 金怡濂与采集团队合影

科学家手模背后的故事

2009年国庆节金怡濂在天安门城楼（金怡濂供图）

进入初中以后，领悟能力强、学习方法好的金怡濂开始崭露头角。1947年，金怡濂考上清华大学当时最"火"的电机系，同班同学中有朱镕基等，人才济济，工程力学由钱伟长讲授。1949年10月1日，金怡濂穿着白衬衫、深色裤子，无比激动地和同学们参加了开国大典游行，现场聆听毛泽东主席向世界庄严宣告"中华人民共和国中央人民政府今天成立了！"这让他热血沸腾。

"金怡濂同志，祝贺你成为一名光荣的解放军战士。"1951年8月，金怡濂大学毕业穿上了军装。金怡濂说："我们这代人，生活比较坎坷，我们选择个人道路的余地不是很大。但是，读了点书，学了点东西，总希望能干点对国家有帮助的事。"1956年，中国政府选派20人赴苏联学习计算机技术，金怡濂在工作中的优异表现和与计算机接近的专业背景，为他赢得了去莫斯科深造的机会。他全身心投入学习，在莫斯科待了一年半，居然从没听说过《莫斯科郊外的晚上》这首苏联名曲。不过他收获很大，"完成了对电子计算机的'启蒙'"。

第二章 手模采集

1957年，毛泽东主席访问苏联，在莫斯科大学特别接见中国留学生并发表重要演讲。"世界是你们的，也是我们的，但归根结底是你们的。你们青年人朝气蓬勃，正在兴旺时期，好像早晨八九点钟的太阳。希望寄托在你们身上。"几十年过去，金怡濂每次回想现场情景，依然激动不已。

回国后，金怡濂作为技术骨干，参加了我国第一台大型计算机——"104机"的研制，我国第一颗原子弹的相关科学计算，就是由"104机"完成的。1963年，金怡濂所在的研究所转移到西南山区，这一去就是20年。生活艰苦、信息闭塞，科研条件异常艰辛。他们利用到北京、上海出差的机会，查资料、采购，辗转回山。夫妻俩忙于工作，对孩子的照顾很少。

留学苏联时期的金怡濂（金怡濂供图）

"20世纪80年代，国内急需高性能计算机，不得不花巨资从国外进口

一台大型计算机。没有想到，在进口机器的同时，还捎带进来两个'监工'。在双方签订的协议上明确地规定，中方不得将机器派作他用；不得接触机舱内的核心部件；开机、关机，必须由外方'监工'负责操作。机房内有一个小控制室，并规定这间控制室'中方人员不得入内'。"金怡濂经常说起这个故事，奇耻大辱让他彻底明白：真正的高科技，买不来。

1996年，金怡濂担任总设计师的"神威"巨型机通过国家鉴定，其峰值运行速度为3120亿次/秒，处于当时国际领先水平。在我国超级计算机的发展史上，金怡濂写下了浓墨重彩的一笔。2003年，金怡濂荣获2002年度国家最高科学技术奖，也是本届国家最高科学技术奖唯一的获得者，朱镕基总理称赞他是做大事的人。在获奖发言中，金怡濂说道："我深深感到，科技工作者只有把自己的事业和祖国的繁荣、民族的昌盛紧密联系起来，才能大有

查阅资料（金怡濂供图）

作为。"

手模采集很顺利,金怡濂院士高兴地与夫人、项目组和身边工作人员合影留念,同时为精装版《信念、创新、奉献:国家最高科学技术奖获奖者风采》和《跋涉者——金怡濂》签名。

关于青少年寄语,项目组从金怡濂常说的话中整理了3条。"计算机是年轻的学科,也是年轻人的事业。""我最大的乐趣是琢磨计算机。""谁交给我一个什么事,我总是尽力办好。"金怡濂院士选择了第一条。

金怡濂常说,计算机是年轻人的事业。在计算机研制过程中,他把培养年轻人看成重中之重,力求"研制一代机器,造就一批人才"。为了让优秀青年人才脱颖而出,在研制"神威"计算机时,他委任的课题主管和副主管设计师平均年龄28岁,这在当时非常罕见。有人说,金怡濂在培养人才上的

金怡濂采集手模

贡献，不亚于研制出一台"神威"巨型机。

如何介绍金怡濂院士的科研成就？金怡濂院士的助手确定采用"高性能计算机专家，我国巨型计算机事业的开拓者之一"，强调别用"之父"就行。然而，"学为师长，情同父子"，和他共事的年轻人都亲切地称他为"老爷子"。

金怡濂院士伉俪合影

采集期间，奖励办高洪善副主任称赞"国家最高科学技术奖获奖科学家手模"项目创意好，科技部领导也高度重视，希望今后与中国科学技术馆合作开展更多活动。项目组的信心更足了。

参考文献

［1］赵建国，雷红英. 跋涉者：金怡濂［M］. 北京：新华出版社，2007.
［2］国家科学技术奖励工作办公室. 信念、创新、奉献：国家最高科学技术奖获奖者风采［M］. 北京：科学技术文献出版社，2015.

吴良镛：读万卷书，行万里路，拜万人师，谋万家居

吴良镛，江苏南京人，1922年5月生，1944年毕业于重庆中央大学建筑系，1948—1950年在美国匡溪艺术学院建筑与城市设计系学习，获硕士学位。1950年回国后在清华大学建筑系任教。曾任清华大学建筑系主任、中国建筑学会副理事长、中国城市规划学会理事长，以及国际建筑师协会副主席、世界人居学会主席等职。中国科学院院士、中国工程院院士，我国著名的建筑学家、城乡规划学家和教育家，人居环境科学的创建者。2011年度国家最高科学技术奖获得者、"全国优秀共产党员"。

2020年7月31日下午，北京，电闪雷鸣，暴雨如注，一辆小车在风雨中飞驰，溅起数尺高的水花，这是采集吴良镛先生手模的日子。"已经约好了时间，雨再大也要去"，项目组表示。车至清华园北侧吴良镛先生所在小区，刚下车，雨神奇地停了，项目组开玩笑说，冥冥之中自有天意。

吴良镛先生98岁高龄，是当时健在的"国家最高科学技术奖获奖科学家"中最年长的，他在清华大学建筑教育岗位工作了70多年。吴良镛曾参与人民英雄纪念碑的设计，北京图书馆、菊儿胡同、曲阜孔子研究院、中央美术学院新校区、苏州总体规划发展研究、北京奥林匹克建设规划研究……都留下了他的身影。

1964年吴良镛向有关部门汇报长安街规划（清华大学供图）

1922年，吴良镛出生于江苏南京一个普通职员家庭。少年时，收账人无情揭走他家的屋瓦，凄风苦雨中一家人被迫告别祖居。1937年南京"沦陷"前，他辗转武汉、重庆求学。1940年他在重庆合川参加大学招生考试时，日军战机轰炸，大半座城市被大火吞噬，他深感"天下之大，却无安乐之土"，遂希望在抗战胜利后成为一名建筑师重建家园，于是考入中央大学建筑系学习。1946年，刚毕业两年的吴良镛应梁思成之邀，协助梁思成、林徽因创办了清

华大学建筑系。"跟随梁思成先生到清华大学，是我一生中最重要的一个转折点。"

吴良镛先生的家中，墙上挂着他的多幅书法作品；橱柜上放着家人合照，照片拍得非常精彩，一家人其乐融融；客厅中点缀着绿植、鲜花，角落里放着跑步机；家中散发着浓郁的艺术氛围，一方一寸无不透露着主人深厚的人文艺术修养。使人们"诗意地栖息在大地之上"一直是吴良镛先生的理想。

吴良镛先生家里书很多，书房、客厅、卧室分别有一面书墙，整个家就像一个大"书房"。吴良镛先生不仅设计自己的书房，国家图书馆这个中国最大的"书房"，也是他与杨廷宝、戴念慈、张镈、黄远强等建筑名家的心血之作。

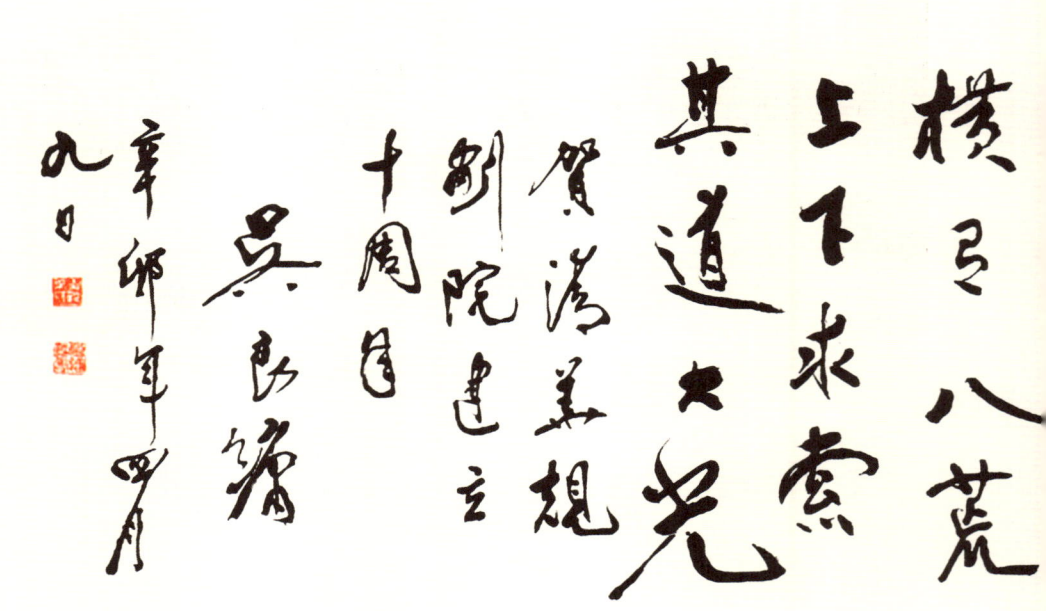

吴良镛书法作品《科学求真，人文求善，艺术求美》（清华大学供图）

吴良镛先生还是一位画家。1944年他22岁时，他的水彩画《山村》就在重庆被选入全国第三届美展展出。2002年他出版《吴良镛画记》，2014年在中国美术馆举行"人居艺境——吴良镛书法、绘画、建筑作品展"并出版艺术作品集。

虽然年近百岁，吴良镛先生的气色很好，好奇心更是强烈。"我有几个问题，你们采集手模的用途是什么？这个手模印泥是什么材料做成的？"项目组解释说，手模主要在中国科学技术馆展示，目的是让公众尤其是青少年与科学家零距离接触，激发他们的科学兴趣；手模印泥是树脂材料，干了之后会变得像石头一样硬，翻制展示时使用玻璃钢材质……吴良镛先生心态平和，他对项目组说道："不着急，坐下来，慢慢说。"听完解释，他欣慰地笑了。

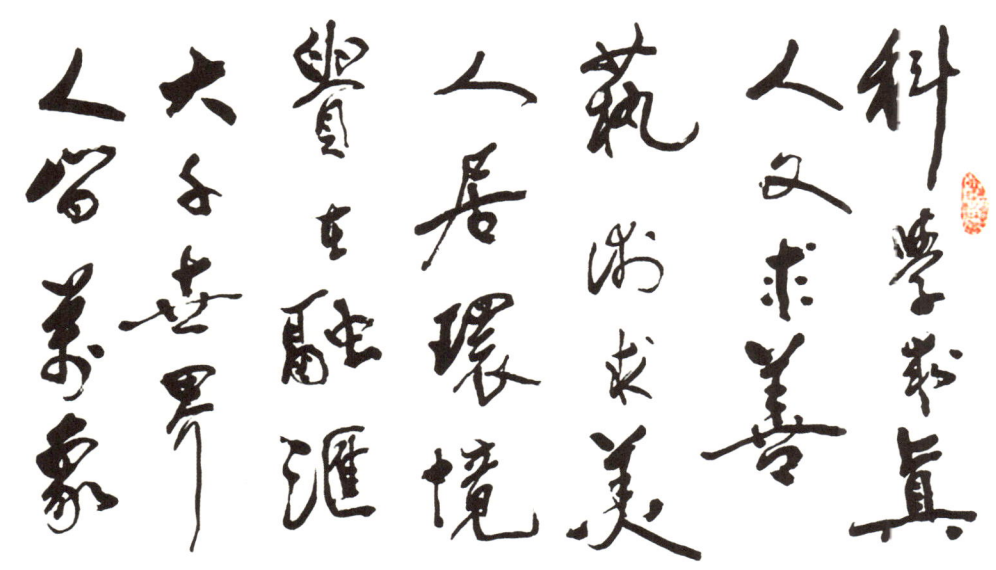

吴良镛水彩画《威尼斯叹桥》

（清华大学供图）

吴良镛采集手模

项目组难以想象,眼前这位心态平和的老人,曾多年没有双休日、寒暑假,每天工作 10 个小时甚至更久,常常凌晨 3 时起床工作两三个小时之后,稍事休息又准时上班。每天清晨和傍晚,白发苍苍的他拖着装满图书和资料的拉杆箱走过校园,成为清华园一景。

鉴于吴良镛先生年事已高,项目组一开始担心他的身体状况,觉得能顺利采集手模就是胜利,没有做录制寄语视频的准备。采集完手模,项目组收拾器材准备告辞,见吴良镛先生精神状态这么好,不录视频太可惜了,于是征询是否可以录制寄语视频?获得同意后重新布置灯具,用照相机录制寄语视频。面对镜头,吴良镛先生缓缓说道:"最好的作品,是下一个。"

1950年吴良镛于美国沙里宁事务所
（清华大学供图）

吴良镛先生的高寿和清晰的思维，让项目组惊叹不已。事后项目组知道，2008年夏，86岁的吴良镛在江宁织造博物馆工地视察时突发脑梗，被医生判断为难以再行走。此后近一年半时间，他都是在康复中心的病房里度过。"别人一天练4个小时，我就练8小时。我告诉自己，必须尽早站起来，回到我热爱的建筑领域。"经过一年多的康复治疗，吴良镛先生开始可以慢慢走路。出院那天，康复医院的院长说他创造了康复医学领域的一个奇迹。2021年3月，"国匠：吴良镛学术成就展"在清华大学艺术博物馆举行，99周岁的他出席。

吴良镛拖着装满图书和资料的拉杆箱走过清华园（清华大学供图）

科学家手模墙上吴良镛先生的寄语，最后采用他的座右铭："读万卷书，行万里路，拜万人师，谋万家居。"他常说："我就是一个建筑工作者，爱

自己的祖国,爱这个社会,建筑最核心的是为人服务。"

2021年6月,中国共产党成立100周年华诞前夕,中共中央授予400名同志"全国优秀共产党员"称号,吴良镛的证书是第001号。2022年5月7日,吴良镛先生度过100周岁,生日前夕他的博士生、故宫博物院原院长单霁翔特别撰文《年高未敢忘忧国》纪念。

2016年春节,吴良镛先生写了一副春联用以自勉:"老骥伏枥志在千里,拙匠迈年豪情未已!"让我们共同期待吴老的下一个作品。

参考文献

[1] 周晴.吴良镛:给胡同"动手术"的建筑大师[M].北京:接力出版社,2021.

[2] 国家科学技术奖励工作办公室.信念、创新、奉献:国家最高科学技术奖获奖者风采[M].北京:科学技术文献出版社,2015.

[3] 田雅婷.吴良镛:筑梦人生[N].光明日报,2012-02-15.

[4] 赵永新.吴良镛:万里行路,美好人居[N].人民日报,2012-02-15.

[5] 李扬.吴良镛:让人们诗意地栖居在大地上[N].文汇报,2019-04-24.

[6] 单霁翔.吴良镛:行万里路 谋万家居[N].人民日报,2022-04-30.

侯云德：宁静才能致远，严谨可以创新

侯云德，1929年7月生，江苏常州人，1955年毕业于同济大学医学院，1962年被苏联医学科学院破格授予医学博士学位。1962年回国后，历任中国预防医学科学院病毒学研究所所长，中国工程院医药卫生学部主任、副院长等职务。1994年当选中国工程院院士。侯云德院士是我国生物医学领域杰出的战略科学家和科技工作者，我国分子病毒学、现代医药生物技术产业和现代传染病防控技术体系的主要奠基人。2017年度国家最高科学技术奖获得者。

有统计说，自然灾害、战争对人类造成的伤害都不如病毒大。新冠病毒肆虐给项目组采集手模带来了困难，也使项目组对于采集疾控领域的巨擘侯云德院士的手模充满期待。2020年8月3日，项目组来到深圳宝安区，终于见到了这位用科研铸造传染病防线的泰斗人物。

侯云德院士大半辈子在北京的中国预防医学科学院病毒学研究所（现属中国疾病预防控制中心）工作，近几年才迁居深圳。他说："我来深圳后身体更好了。"侯云德院士已是91岁高龄，精神矍铄、健步如飞。他常年参加学术峰会、论坛等会议，家里入口玄关上挂满参加会议的嘉宾证，估计有200来个。据他的助理说，这些还不到侯院士所有嘉宾证的1/3，其他的已被北京工作单位收藏了。

侯云德院士在实验室前（张莉供图）

在客厅沙发旁边的桌子上，摆放着侯院士的扛鼎之作《分子病毒学》。这是他60岁之后独自编著，长达105万字，被奉为病毒学"圣经"，至今仍是我国分子病毒学界最为全面系统的经典专著之一。家里的墙上，挂着荣获国家最高科学技术奖及一些重要场合的合影。

烈士暮年，壮心不已。迁居深圳的侯院士本该颐养天年，却仍然坚持在病毒学研究一线，只要是官方的活动，他都不假思索地答应前往。侯院士曾写下一首明志诗："双鬓添白发，我心情切切。愿将此一生，贡献四化业。"疫情防控期间，他在家中的客厅腾出一块地方，用来进行线上会议。项目组问及对于新冠疫情防控的问题，他的助理笑道："这不，我们的冰箱里还有最新研发的疫苗呢。"

侯云德一直在与病毒"赛跑"。1929年7月，侯云德出生在江苏省常州市。旧中国瘟疫流行，侯云德的大哥就因为瘟疫而去世，他暗暗发誓学医，不让"猛虎"伤人。他半工半读，以全校第一的成绩从小学毕业，考入著名的常州中学。1948年，侯云德考入武汉同济医学院（现华中科技大学同济医学院），毕业后分配到北京的中央卫生研究院微生物系病毒室，开始了他的病毒研究生涯。

侯云德留学苏联期间留影
（张莉供图）

1958年,29岁的他被中国政府选派,远赴莫斯科伊凡诺夫斯基病毒学研究所(简称"病毒所")专攻病毒学。当时病毒学是新兴专业,是国际上的前沿学科。他埋头苦读,常常"赖"在实验室和图书馆,成了全研究所最晚下班的人,门卫干脆把实验室的钥匙交给了他。短短几年,他先后发表了17篇学术论文,苏联《病毒学杂志》的编辑特地跑到病毒所问:"侯云德是谁?"1962年苏联高等教育部破例越过副博士学位,直接授予侯云德苏联医学科学博士学位。这在病毒所几十年的历史上是前所未有的。导师热泪盈眶地说:"这不仅是我的骄傲,也是病毒所的荣誉。"

侯云德与博士生导师戈尔布诺娃(张莉供图)

1977年，基因工程在美国宣告成功。侯云德大胆设想，可以引入基因工程的办法，让细菌来大量生产干扰素。干扰素是我国第一个基因工程创新药物，实现了我国基因工程药物从无到有的突破，开创了我国基因工程药物时代的先河。随后的10多年里，侯云德带领团队利用基因技术先后研制出8种基因药物，并全部实现了技术转让。

1991年，为将科研成果快速地转化为产品，62岁的侯云德创立了我国第一家基因工程药物公司。侯云德将研制的8种基因工程药物转让给10余家国内企业，使上千万患者得到救治，产生了数十亿元人民币的经济效益，对我国改革开放初期的科技成果转化具有重要的指导意义。当时干扰素药品100%进口，300元一支，一个疗程要花两三万元，而侯云德公司的同类产品仅30元一支。如今，我国90%以上的干扰素药品实现了国产。

侯云德常说，"Me-too, Me-better，我们不能两眼不看世界前沿，只顾埋头搞研究，在研究上要做到别人有的我们要有，还要更好"。他坚持编译《生物信息》追踪学术前沿，每两个星期写一期，每一期都得上万字，信息量很大，累计编译超过500期。

侯云德在指导实验
（张莉供图）

2003年"非典"暴发,让侯云德刻骨铭心,他一天接到无数个催问"非典"研究结果的电话。"我们没有准备,病毒研究不充分,没搞清传播途径,那次我们很被动。"构筑我国现代传染病防控技术体系被提升到国家战略日程。2008年,79岁的侯云德被国务院任命为"艾滋病和病毒性肝炎等重大传染病防治"国家科技重大专项技术总师。每当重大疫情来临时,侯云德扮演着守在火山口上的角色,需要准确把握疫情走向,提出最佳应对解决方案。在侯云德的主导下,经过近10年的科技攻关,我国建立起覆盖到省市级的"应对新发突发传染病的综合防控实验室网络体系"。

2009年,全球突发甲流疫情,国外上万人死亡。卫生部牵头组成联防联控机制,侯云德担任专家组组长,开展协同攻关。在侯云德的带领下,我国仅用87天就率先研制成功新甲流疫苗,成为全球第一个批准甲流疫苗上市的国家。当时,世界卫生组织专家建议注射两剂,侯云德说:"新甲流疫苗,打一针就够了。"并进行了详细阐述。世卫组织专家认为是可行的,根据中

侯云德采集手模

国经验修改了"打两针"的要求。凭借此成就，侯云德在2014年获得了国家科学技术进步奖一等奖。

对于时下的新冠肺炎疫情，项目组非常好奇这位病毒研究泰斗的看法。作为与病毒斗了一辈子的老战士，侯院士说，人类每隔一段时间就会遇到大的疫情，这次疫情对经济的影响特别大。

手模采集完毕后，侯云德院士寄语全国青少年："宁静才能致远，严谨可以创新。"这是侯云德院士的座右铭，也是这位学贯中西、与病毒斗了一辈子的"90后"对祖国青少年的殷切期望。

参考文献

［1］杨舒.阻击传染病战场上的一线"老将军"：记2017年度国家最高科学技术奖获得者侯云德［N］.光明日报，2018-01-09.

［2］唐婷.侯云德：守在病毒火山口 研究中药抗病毒［N］.科技日报，2018-01-09.

［3］吴彪，郑莉颖.剑指尖峰终无悔 人潜于世助国昌：记2017年度国家最高科学技术奖获得者、中国工程院院士侯云德［J］.科学中国人，2018（7）：20-25.

［4］刘娥.专访93岁中国工程院院士侯云德"我来深圳后身体更好了"［N］.深圳商报，2021-09-06.

王泽山：我这一辈子只想做好一件事

王泽山，1935年9月出生，吉林省吉林市人，1960年毕业于哈尔滨军事工程学院火炸药专业。一直从事火炸药研究，现为南京理工大学教授，1999年当选中国工程院院士。王泽山是我国著名火炸药学家，发射装药理论体系的奠基人，是火炸药资源化治理军民融合道路的开拓者，系列原创性技术的发明人，为我国武器装备和火炸药产品的更新换代做出了杰出贡献。荣获2017年度国家最高科学技术奖。

2020年8月4日，南京骄阳似火。项目组早早地来到南京理工大学校园，园内绿树成荫。王泽山院士的助手南风强老师早已在大门等候，热情地打招呼："你们来得真是巧，我们校园疫情防控期间处于封闭状态，昨天才解封，你们今天就来了。"大家相视一笑。

南老师带着项目组边走边聊起来。"王院士昨天才从实验基地回来，所有的武器野外实验他都要亲自参加，一年有大部分时间是奔波于学院实验室和野外试验场之间。在野外试验场，他是比学生们更早到达装药房，做好充足的准备工作。由于野外测试时间紧任务重，尽可能地节约成本、提高效率，试验往往从早上8点持续到下午，他始终坚持到试验结束，与小年轻们一起饮风咽沙，吃冰凉的盒饭。然后赶第二天一大早飞机去下一个试验场。"

王泽山院士（南京理工大学供图）

来之前查资料，项目组知道这位年逾八旬的老人，每年有一半时间守在条件艰苦的试验场，每天工作时间在12个小时以上，用他的话说，"生活被科研幸福地包裹着"。听到南老师的现身说法，大家对这位85岁高龄仍奋斗在科研一线与年轻人一起冲锋陷阵的老人感到钦佩。

1935年10月，王泽山出生于吉林省吉林市，当时家乡"沦陷"在日寇铁蹄之下。小时候父亲经常悄悄提醒他："你是中国人，你的国家是中国。" 1954年的夏天，王泽山以第一志愿报考了被誉为"第二个黄埔"的哈尔滨军事工程学院，并成为班上唯一一名自愿学习火炸药的学生。当别人问他为什么会选择这个冷门专业，他说："专业无所谓冷热，只要祖国需要，任何专业都可以光芒四射。"

1951年高中期间

（南京理工大学供图）

在火炸药研究领域,他60年磨一剑,以"一辈子做好一件事"的执着与坚韧,凭借过期火炸药变废为宝、不怕冷不怕热的火药装药、打得更远更准的模块装药技术,作为第一完成人曾先后在1993年、1996年、2016年荣获国家科学技术奖一等奖(一项国家科学技术进步奖一等奖、两项国家技术发明奖一等奖),被称为国家科学技术奖励大会的"三冠王""火药王"。我国古代四大发明之一的火药重新焕发了生机,中国兵器的内在能量得到了壮大升级。

南老师接着介绍说:"王院士思维特别敏捷,像个年轻小伙子,他智能手机玩得很溜,每次出差都是自己用 APP 订票。他这个人不喜欢麻烦别人,能自己做的事情,尽量不让别人帮忙,野外试验场都地处偏远,从机场或火车站出来他也是自己打车前往。"大家赞道:"王院士太牛了!"南老师笑着说:"我告诉你们一个长寿的秘密,就是别让大脑衰老,锻炼大脑,让大脑年轻起来,人就不会衰老。这就是我从王院士身上学到的。"

1997 年在香港参加国庆晚会(南京理工大学供图)

走进王院士的办公室,整洁明亮,放着《火炸药理论与实践》《火炸药新技术研讨会论文集》等专业书籍、聘书和坦克模型。看到眼前这位国家最高科学技术奖获得者、年逾八旬的"火药王",他体型偏瘦,身体硬朗,看起来不过60多岁,真是年轻!这印证了南老师说的"长寿秘诀"。

王院士对采集小组的到来很欢迎。他让南老师赶快打开空调,生怕采集小组中暑,还亲自帮助清理桌子上的办公用品,协助布置拍摄场地。当采集小组提出请王院士给全国青少年朋友录制寄语时,他欣然同意,很认真地拿出一张纸坐在办公桌前精心准备,自言自语道:"给青少年朋友的寄语一定要好好思考一下。"拍摄时,王院士面对镜头谦虚地说道:"我这一辈子只想做好一件事。"接着饱含深情地寄语全国青少年:"坚定理想信念,脚踏

王泽山采集手模

实地，志存高远！"

手模采集刚刚结束，大家还在收拾器材，王院士已经开始和学生们讨论研究课题了。他这种忘我工作、分秒必争的精神，让采集小组钦佩而感动。南老师送下楼时说："院士的生活就是这样，除了工作还是工作。"

作为一名高校教师，王泽山很重视科技钻研，更重视人才培养。他说："我上课照本宣科的时候很少，更多的是阐述国际上刚刚产生的新技术和研究成果。"为了让学生具备广阔的国际视野，20世纪80年代，他在南京理工大学做化工系主任时，便与瑞典隆德大学签订了合作培养博士研究生的协议。从教以来，他培养出100多位硕士、90多位博士。如今，很多学生已经成长为中国火炸药领域的中坚力量。

2017年讲解3D打印新型材料结构（南京理工大学供图）

2021年12月,王泽山院士将所获得的国家最高科学技术奖等奖金共计1050万元,一次性捐赠给南京理工大学,支持学校教学和人才培养。其实,他的生活异常简朴。在他的办公室和家里,储存了不少方便食品,这经常就是他的一日三餐。他的代步工具是69岁时购买的一台10万元的紧凑型轿车。每次去辽宁某工厂,他都坚持住在条件简陋的厂招待所,因为近"开会实验都方便"。

参考文献

[1] 凌军辉,胡喆,朱筱. 60多年只做一件事,让火药重焕荣光的"中国诺贝尔":记2017年度国家最高科学技术奖得主、火炸药专家王泽山院士[Z]. 新华社, 2018-01-08.

[2] 郑晋鸣,许应田. 王泽山:有一种使命在催人奋进[N]. 光明日报, 2019-10-09.

[3] 郑焱. "专注"60年,背后跳动的是一颗报国心:记我国著名火炸药学家、中国工程院院士王泽山[Z]. 新华报业交汇点客户端, 2022-02-10.

郑哲敏：搞科研就是老老实实做，不知道就再去学，要有吃苦的决心

郑哲敏（1924.10—2021.8），应用力学家。生于山东济南，原籍浙江宁波。1947年毕业于清华大学，1952年获美国加州理工学院博士学位，曾任中国科学院力学研究所所长、中国力学学会理事长。1980年当选为中国科学院院士，1993年当选为美国国家工程科学院外籍院士。我国爆炸力学的奠基人和开拓者之一、力学学科建设与发展的组织者和领导者之一。2012年度国家最高科学技术奖获得者。

2020年8月6日，北京，项目组应约采集郑哲敏院士手模，他被钱伟长、钱学森认为是"最得意的学生之一"。

郑哲敏出生于山东济南，当时战火频仍，国难当头。1928年，年仅4岁的他就在济南"五三"惨案中被迫逃难。有一次郑哲敏在路上看到一个子弹壳出于好奇准备弯腰去捡，突然一个日本兵举枪向他冲过来。时隔多年，他仍会梦到被日本兵端着刺刀追杀。

求学经历断断续续，但郑哲敏从未荒废学业。1943年，他紧跟哥哥步伐，考入西南联大工学院电机系。抗战胜利后，郑哲敏回到北京的清华园，认识了当时刚从美国回国任教的钱伟长。钱伟长在清华大学开设了近代力学课，讲课生动有趣，对他产生了重要影响，成了他的"启蒙老师"。

1948年，郑哲敏经过"千里挑一"，争取到奖学金的资助，前往美国加州理工学院深造。获得硕士学位后，他师从钱学森攻读博士学位，研究当时正在迅猛发展的高速飞行和喷气推进所引起的结构物受热的抗力问题。然而郑哲敏获得

1948年9月郑哲敏抵达美国加州理工学院
（中国科学院力学研究所供图）

博士学位不久，就被美国移民局以莫须有的罪名关押。后经好友保释出狱，但移民局仍禁止他离境，护照也被扣押，变成了没有合法身份的人，陷入困顿。

1954年郑哲敏回国前夕，钱学森在家中为郑哲敏饯行，特别嘱咐说："现在新中国刚刚成立，我们研究的问题也不一定能马上用得上，国家需要什么我们就做什么。"一年后，钱学森回国后创建力学研究所，郑哲敏成为该所首批科技人员。

1960年秋，在中国科学院力学研究所（简称"中科院力学所"）操场上，郑哲敏带领团队做了一次小小的爆炸。硝烟散尽后，一片薄薄的铁板被炸成了一个小碗。钱学森听说试验成功了，非常兴奋："可不要小看这个碗，我们将来卫星上天就靠它了。"一个新兴的专业诞生了，钱学森将其命名为"爆炸力学"。导弹和火箭喷管的制作、地下核试验当量预报、穿甲弹、港口淤泥处理、三峡工程三期围堰爆破拆除等，都留下了郑哲敏的身影。

1960年，爆炸成形演示实验合影（中科院力学所供图）

科学家手模背后的故事

  1965年的一天，两位下厂推广爆炸成形新工艺的同事找到郑哲敏，谈起遇到的困难。因为工厂要求他们成形的部件大而厚，所需要的模具没法一次就浇铸出来，超出了工厂的加工能力。郑哲敏在详细了解具体情况之后，建议他们把模具分块铸造，然后拼装在一起。在爆炸成形之前，把毛料搁在模子里，然后起爆炸药，利用炸药的能量把毛料压入模腔内，直到毛料与模腔内壁贴合。变形的毛料以不大的残余速度与模具发生冲击。估计在此时，一方面毛料已经变成所需的形状；另一方面模具则再度分开，而不发生变形。这就好像打台球时，一个球过来把另外一个球撞走，自己却停了下来一样。后来下工厂做试验，非常成功，这种模具被称之为"惯性模"。对于这个发明，郑哲敏甚为得意。

  时光荏苒，如今郑哲敏院士已是96岁高龄，住进了医院。从2019年秋天他就已经入院了，身体不是特别好，刚转入监护室，项目组约了好几次，才约上采集时间。

  按照医院要求，项目组不能进入医院。经商量，由护士帮忙采集手模。于是项目组仔细交代如何采集手模，特别叮嘱压得深一点，这样手模的立体感更强，更漂亮。同时，手把手指导如何拍照。"我们将相机调为自动模式，横着拍几张，竖着拍几张。另外，用手机也拍几张，双保险。"此外，将此前采集的照片发给护士，作为参考。

  与之同时，项目组从郑哲敏院士的公开报道中，整理他经常说的3句话作为备选寄语。"爱国是科学研究的唯一动机。""愿得此身'力'报国。""搞科研就是老老实实做，不知道就再去学，要有吃苦的决心。"在助手的协助下，郑哲敏院士最后选择了第3条。虽然郑哲敏笑眯眯的，但提起做学问，所有了解他的人的回答都是："严！"

  根据约好的时间，项目组带着手模印模、鲜花和调好的相机来到医院门口，由护士带进医院。项目组随后在医院外耐心等待。大约一小时后，护士款款走出。项目组急切打开盒子，采集好的手模双手自然张开，印痕很深，非常漂亮。

  再看拍摄的采集照片，郑院士穿着头一年秋天入院时的黑色秋衣，

第二章　手模采集

2001年郑哲敏在中海油南海海上石油平台（中科院力学所供图）

郑哲敏采集手模（戴维　摄）

面带微笑，动作、表情自然，背景也很干净。项目组连呼"完美""高手在民间"。

原来，为了拍好照片，护士特意找了一间整洁的会议室。摄影师就是刚才下楼拿手模的护士。项目组表示，以后有机会尽量署上摄影师的名字。

2020年9月19日，"国家最高科学技术奖获奖科学家手模墙"揭幕，寄语视频广为传播。9月24日，项目组与郑哲敏院士助手联系，询问最近郑老的身体是否允许录一句视频，加在科学家寄语视频里面。因为这个视频特别有分量，郑老缺席挺遗憾的。不能录视频，用手机录音也可以。

助手回复："郑先生最近一直在ICU，不太方便，我一直关注着，郑先生状态好时，咱们再请老先生拍一个。"

于是项目组满怀信心，耐心地等待着消息。但郑哲敏院士身体状况一直不是特别好。冬去春来，2021年3月，"还要等一等，老先生现在说话有些气喘吁吁。"2021年8月25日，项目组突然看到新闻，郑哲敏院士去世！瞬间泪奔。

参考文献

［1］国家科学技术奖励工作办公室.信念、创新、奉献：国家最高科学技术奖获奖者风采［M］.北京：科学技术文献出版社，2015.

［2］魏宇杰，周德进.郑哲敏：力学家的报国之"力"［N］.学习时报，2021-10-20.

王振义：爱国，首先就要爱自己的事业

王振义，1924年11月出生，江苏兴化人，1948年毕业于上海震旦大学医学院，获博士学位，中国工程院院士。曾任上海第二医科大学校长、上海血液学研究所所长。我国著名的血液学专家，为医学实践和理论创新做出重大贡献。荣获2010年度国家最高科学技术奖。

2020年8月11日，上海市瑞金医院，几经周折，项目组来到王振义院士的办公室。他已是96岁高龄，仍坚持每周查房，看起来就像70多岁的样子，穿着白大褂，身材挺拔，和蔼可亲。

王振义院士办公室的东西很多，电脑主机上放着一张他与学生陈竺、陈赛娟院士伉俪的合影。1996年，在事业顶峰期的王振义，将上海血液学研究所所长的位置交给了42岁的陈竺。"人生就像抛物线，有峰顶，也会衰退。一旦进入下降趋势，就要及早地退，让更有能力的人来干。"

办公桌上堆着各式资料，包括最新的肿瘤研究领域的杂志。造血系统的恶性肿瘤素有"血癌"之称，其中急性早幼粒细胞白血病最为凶险，早期病死率非常高，患者曾接二连三在王振义眼前去世。每次回忆起50多年前的这段往事，王振义仍会流下泪水。经过无数次试验，他决定抛弃传统的"杀死"癌细胞的做法，转为诱导其"改邪归正"。"关于肿瘤细胞，就像自己的孩子有一个变坏了，那我到底是打死他好呢，还是教导他好呢？"

经过8年的不懈努力，1986年王振义应用"全反式维A酸"诱导分化治疗，急性早幼粒细胞白血病5年生存率从10%～15%跃升至90%，成为第一种可以通过药物治疗达到治愈的白血病。成果发表在国际权威期刊《血液》上，

科学家手模
背后的故事

王振义院士和他的学生陈竺、陈赛娟院士伉俪（上海瑞金医院供图）

该篇论文被评为"世界血液学领域百年最具影响力的86篇学术论文之一"。他确立的治疗方案几经发展，被国际同行称为"上海方案"，被誉为"新中国对世界医学的八大贡献"之一。1994年，王振义获得国际肿瘤学界的最高奖——凯特林奖。

数十年来，"全反式维A酸"这种百十来块钱的药，挽救了无数人的生命。"这种药便宜，也是因为我们没有申请专利。"20世纪80年代中国专利制度才起步，王振义没想到去申请专利，只是觉得这个科研成果能够解救更多的人。他当初选择医学专业，一个原因是父亲希望子女有一人能从医；最重要的是，当医生可以帮助很多人。

项目组建议整理一下桌面，拍照效果更好。他说不用了，科学家就是这个样子。"我上过西学，习过中医，下过农村，去过朝鲜战场，当过赤脚医生，搞过病理生理……"饱经风霜的他对外在的东西看得很淡。

第二章 手模采集

1982年，王振义（前排右）和医务人员在一起（陈赛娟倚着栏杆，陈竺站在后排中间）
（上海瑞金医院供图）

他的电脑显示器很大，显示着他自己上网查找资料做的幻灯片。1996年，72岁的王振义开始学习使用电脑和上网，一有空就泡在网上浏览最新医学成果。活到老，学到老，这是王振义一生的真实写照。王振义曾回忆说："我小时候很顽皮，但念书成绩还不错。我觉得这都来源于我特别爱问'为什么'，这样就能去看书、去查资料，然后就懂了。"

简单布置之后，开始采集手模。因为已经采集过多位科学家，项目组轻车熟路，很快就采集了两份手模。手模采集留影拍照时，摄影师说："西瓜甜不甜？"希望王振义院士答一句"甜"，以便表情更自然，结果他每次都开玩笑地回答"苦的！"。大家忍俊不禁。

录制寄语环节，王振义院士郑重说道："年轻的科学工作者们，每个人都会有机会。机会在召唤，但是不会天赐的。你一定要向已定的目标和方向，坚持不懈，勤奋工作，刻苦钻研。希望和成就在你的前方。"

王振义每周教学病例讨论——"开卷考"(上海瑞金医院供图)

王振义采集手模

王振义院士事前手写了一份给青少年的寄语，文字有点长，项目组建议是否可以用他曾经说过的"爱国，首先就要爱自己的事业"这句话。王振义院士的助手想坚持，王院士说："他们有他们的考虑，听他们的。"

王振义说："爱国，首先就要爱自己的事业。我这一辈子看好了一种病，而我最遗憾的也是只看好了这一种病，还有很多病没有攻克。病人需要我们，祖国需要我们。"

王振义被称为"一代儒医"。他家的客厅中挂着一幅"清贫的牡丹"。在他看来，做人要有不断攀登的雄心，但又要有一种正确对待荣誉和自我约束的要求和力量。他对事业看得很重，对名利看得很淡。"我相信做人最本质的东西：胸膺填壮志，荣华视流水。"

项目组希望拍几张工作照，王振义院士爽快答应。看到电脑上他正在做

王振义看望患者（上海瑞金医院供图）

的幻灯片内容，他介绍说："这个就是要讲明，我们自身的免疫性疾病，它可以产生淋巴瘤，为什么会产生淋巴瘤呢？它可以通过这个途径，最主要的是慢性的抗原的刺激。"接着他转换成英语，一长串的英语专业名词，项目组完全蒙圈。事后项目组了解到，王振义院士60岁时才开始自学英语。

王振义在介绍自己制作的幻灯片

采集完毕，项目组问是否可以与他合影留念，他欣然应允。鉴于王老已近百岁高龄，又忙碌了半个小时，项目组担心他累着，劝他坐着别动，但他坚持站着合影，身材比年轻人还挺拔。

临别时，听说上个月病例讨论的患者出院了。他说，希望大家讨论得出的方案能够让患者康复。当听到另一个患者病情不太好时，王振义院士和助手开始商量怎么办。科学家们继续为了患者、为了所热爱的事业忙碌，项目组不忍叨扰，只愿王振义院士永远健康、永远年轻。

参考文献

［1］陈挥.走近王振义［M］.上海：上海交通大学出版社，2011.

［2］国家科学技术奖励工作办公室.信念、创新、奉献：国家最高科学技术奖获奖者风采［M］.北京：科学技术文献出版社，2015.

［3］樊云芳，倪黎冬.王振义：让癌细胞"改邪归正"［N］.光明日报，2011-01-15.

［4］唐元恺.王振义院士：让癌细胞"学好"［N］.北京周报，2012-09-13.

［5］唐闻佳."97岁的学生"王振义：瑞金医院最有名的"周四开卷考"，考的就是他［N］.文汇报，2021-09-09.

刘永坦：能为国家的强大作贡献是我最大的动力和使命

刘永坦，1936年12月出生，江苏南京人，先后就读于哈尔滨工业大学电机系、清华大学无线电系。中国科学院院士、中国工程院院士，哈尔滨工业大学教授，中国雷达与信号处理技术专家，我国对海探测新体制雷达理论的奠基人，对海远程探测技术跨越发展的引领者。先后两次荣获国家科学技术进步奖一等奖，2018年度国家最高科学技术奖获得者，新中国"最美奋斗者"、"全国优秀共产党员"、"时代楷模"称号获得者。

2020年8月11日上午，项目组采集完王振义院士手模，马上赶赴哈尔滨，准备采集刘永坦院士手模。飞机抵达哈尔滨上空，已是晚上8点。飞机逐渐降低高度，准备着陆。突然"咚"的一声，飞机振动了一下，项目组还不知道怎么回事，只听机舱里有人叫道："飞机又起飞了。"飞机不断升高，一圈又一圈地盘旋，机舱里无人说话，气氛越来越凝重，有的旅客开始看逃生指南。项目组望着远处的万家灯火，不禁嘀咕："难道看不到明天的太阳了？"飞机盘旋了半小时，调整了好几次，终于降落。

到宾馆安顿好，已是晚上9点半。项目组来到宾馆附近的烧烤店，一边吃晚饭，一边商量第二天的采集细节。为了庆祝"劫后余生"，项目组破例喝了酒，大名鼎鼎的哈尔滨啤酒。第二天一早，项目组赶往黑龙江省科学技术馆，做手模采集准备。

1936年12月，刘永坦出生在南京。第二年，发生了惨绝人寰的南京大屠杀。他随家人逃难到武汉、宜昌、重庆……颠沛流离的童年，让他从小就对国家

刘永坦（后排左）与中学同学合影（哈尔滨工业大学供图）

兴亡有着深刻的体会。"永坦"是家人对他的祝愿，也是对国家的期盼。

刘永坦院士1953年赴哈尔滨工业大学（简称"哈工大"）求学，毕业后留校任教至今已六十七载。一周前他和夫人冯秉瑞教授将国家最高科学技术奖800万元奖金全部捐出，设立"永瑞基金"（两人名字中各取一字），用于哈工大电子与信息学科人才培养。本次采集原计划在哈工大校园内进行，为方便改在黑龙江省科学技术馆。

上午9点30分，刘永坦院士和夫人如约来到黑龙江省科学技术馆。该馆有一面"院士榜"，展示1991—2019年在黑龙江工作过的获得院士称号的专家学者，共42人，按当选院士时间先后顺序排列。排在最前面的就是刘永坦院士，他于1991年当选为中国科学院学部委员（1993年后改称中国科学院院士），1994年当选为中国工程院院士（首批）。他边走边看院士榜，笑言大部分院士都很熟悉。

手模采集在黑龙江省科学技术馆的一间办公室里进行，很顺利，随后录

1992年刘永坦在实验中（哈尔滨工业大学供图）

制寄语视频。刘永坦院士饱含深情地说道："能为国家的强大做贡献，是我最大的动力和使命。"从1983年开始，刘永坦带领团队，"四十年磨一剑"，克服国外技术封锁，奠定理论基础，构筑"海防长城"，打造"雷达铁军"；从零起步，坚持自主研发新体制雷达，为万里海疆装上了抗干扰的"千里眼"，使我国新体制雷达核心技术领跑世界，让我国专属经济区的海域监控面积从不足20%达到全覆盖。2019年1月，刘永坦院士荣获2018年度国家最高科学技术奖，他说："我只是一名普通教师和科技工作者，这份殊荣不单属于我个人，更属于我的团队，属于这个伟大时代所有爱国奉献的知识分子。"

采集完手模，到了留影环节，大家请两位老人一起合影。单人沙发坐不下两人，于是项目组请冯秉瑞教授坐在扶手上。两位老人手牵着手，脸上洋溢着微笑，与手模拍了一张合影。大家开玩笑说："可以当结婚纪念照了。"事后看到照片，两位老人非常满意，表示要冲洗一张大尺寸的，挂到墙上。

接着，刘永坦院士为黑龙江省科学技术馆及青少年们欣然题词：

第二章　手模采集

刘永坦采集手模

刘永坦与夫人冯秉瑞教授合影

"热爱科学,立志成才,为祖国的强大贡献力量。"

随后,刘永坦院士与夫人兴致勃勃地参观黑龙江省科学技术馆。在"力学""航空航天、交通""能源与材料"等展区内,他聚精会神地听取介绍,仔细观察展品结构,询问展品设计、原理和功能,并饶有兴趣地亲自体验,相互比较手握的力量是多少牛顿。在"投篮歪手"展品前,他手持变形眼镜投篮,篮球应声入筐,引得大家一片赞叹。在"转筒"展品前,大家担心他头晕摔倒劝他放弃,毕竟84岁高龄了,但他坚持要亲自感受一下,他若无其事地穿过了"转筒",表示"没有不良反应"。

刘永坦参观黑龙江省科学技术馆(黑龙江省科学技术馆供图)

第二章 手模采集

　　一行"工科人"在黑龙江省科学技术馆里找到了"家"的感觉，高兴得像孩子一样，表示以后有机会再来参观。参观完，两位老人特意叫上陪同讲解的辅导员合影留念，同时请项目组向老朋友中国科学技术馆老馆长王渝生代为问好。

　　完成任务，项目组匆忙赶往机场，赶回北京准备第二天的采集任务。到了机场被告知，北京发生特大暴雨飞机无法降落，航班取消。项目组苦笑道，"这一趟和飞机干上了"。

刘永坦与研究生在一起（哈尔滨工业大学供图）

参考文献

[1] 张艺开. "我这一辈子,就做一件事"[N]. 人民日报, 2021-09-29.
[2] 中国中央电视台. 目睹同胞尸体染红江面,他用40年建起"海防长城"[Z]. 时代楷模发布厅, 2021-09-29.

赵忠贤：对未知世界的探索是人类的一种本性，它使人向往、激动和年轻

赵忠贤，1941年1月生，辽宁新民人，1964年毕业于中国科学技术大学技术物理系，中国科学院物理研究所研究员，中国科学院院士、发展中国家科学院院士，两次荣获国家自然科学奖一等奖。他为高温超导研究在中国扎根并跻身国际前列做出了重要贡献，是我国高温超导研究的奠基人之一。荣获2016年度国家最高科学技术奖。

"对未知世界的探索是人类的一种本性，它使人向往、激动和年轻。"在将自己两只宽大的手掌按入金黄色的拌着橄榄油的树脂印泥里留下手模后，赵忠贤院士遂对着摄像机向青少年说出了上述寄语。

2020年8月12日上午，我[①]带领中国科学技术馆的同事赶赴中国科学院物理研究所（简称"物理所"），在赵忠贤院士的办公室里顺利完成了手模采集和寄语视频录制任务。

赵忠贤院士是2016年度国家最高科学技术奖获得者。他长期从事低温与超导研究及高温超导电性研究，是我国高温超导研究的奠基人之一。世界超导研究史上曾出现过两次高温超导研究重大突破，赵忠贤和他的合作者在这两次重大突破中都取得了重要研究成果——独立发现液氮温区高温超导体，发现系列50K以上铁基高温超导体并创造了55K的世界纪录，直接把中国在这一领域的研究水平推到了世界前沿。

---

① 作者为中国科学技术馆原党委书记苏青。

赵忠贤采集手模

（北京玉泉路中国科学技术大学礼堂前）1959年赵忠贤大学入学留念（中科院物理所供图）

我在10多年前就认识了赵忠贤老师。2005年,我曾约请他为我供职的《科技导报》就加强基础科学研究撰写稿件,他爽快答应并很快惠赐了一篇高屋建瓴、切中时弊、意见尖锐的好文章。但是,当那期刊物排好版正准备付印时,他却以内容尚不成熟为由撤了稿。

在采集手模前的寒暄中,我开门见山笑着向赵老师提出了这个困惑了我15年的撤稿问题。赵老师记忆力惊人,显然也没忘记这件事情。他解释道,《科技导报》是学术期刊,作者和读者大都是科技工作者,那篇关于重视和加强基础科学研究的文章写作对象不对。

赵老师接着对我们说,他更喜欢在重要的会议上提意见和建议,他认为那样效果更好。例如,他曾参加过一个有关国家科技发展规划稿征求意见的座谈会,会上他就提出,规划目标是要赶超世界科技先进水平,但通篇只见"赶"的举措,未见"超"的布局,如此规划,"赶超"目标又怎么能够实现?

赵忠贤院士虽年近八十,但思维敏捷,非常健谈,话题很快转到中国

赵忠贤院士(中)与采集手模工作人员合影

1975年春节于剑桥大学① （中科院物理所供图）

科学技术馆上。他曾担任中国科学技术馆新馆内容建设专家委员会委员，对我馆的建设、发展做出过重大贡献。当年在讨论中国科学技术馆新馆建馆理念时，与会专家争论不休，赵忠贤趁中途休息的机会，对中国科学技术馆资深技术专家、他的校友王恒说了自己的想法，王恒非常赞同。返回会场，赵忠贤便说出了自己考虑好的"走进科学、体验创新、服务大众、促进和谐"16字建议，经大家讨论、修改，最后将办馆理念确定为"体验科学、启迪创新、服务大众、促进和谐"。

我是2017年5月到中国科学技术馆履职的，不久后曾听王恒老师讲过这个故事，王老师也曾把这件事写进"关心科普、科技馆事业的科学家赵忠贤"一文，发表在2017年第4期《自然科学博物馆研究》上。今天，这段往事从赵老师嘴里说出，我更觉亲切、有趣、动人。

---

① 1974—1975年，赵忠贤被派往英国剑桥大学进修，接触世界超导研究的前沿。

2001—2011年，赵忠贤院士曾任第六届、第七届中国科学技术协会全委会副主席，现为中国科学技术协会荣誉委员。

谈到时下的科研环境，赵老师认为科研项目的考评、检查等行政性干扰太多，不利于科研人员着眼长远瞄准选定的方向集中精力搞研究。他举例说："许多科研项目的经费都有四五个渠道来源，每个部门都说每年只考评你一次，并不多嘛！但是，四五个提供经费的部门每年都要来考评你一次，一个项目一年就要接受四五次考评，那还不算多吗？"因此，他建议，不妨把项目经费的来源合并，以此减少考评次数，给一线的科研人员真正减负。

临别前，我提出索要赵老师的一本著作签名留念。他说自己一辈子写了不少论文，但却没出过书。我见书架上有一本名为《低温王国拓荒人——洪朝生传》的图书，就抽出来问赵老师能不能签名送给我。

洪朝生先生是改革开放后增补的第一批中国科学院学部委员（即现在的中国科学院院士），是我国低温物理与低温技术研究的开创者之一。1964年，赵忠贤从中国科学技术大学技术物理系毕业后，分配到中国科学院物理研究所工作，很快就成为所里重点培养的青年人才，开始跟随洪朝生先生做低温物理和超导研究。可以说，洪朝生先生是他步入这一研究领域的引路人。因此，选这本图书请赵忠贤院士签名留念，自然别有一番新意。

2010年，由中国科学技术协会牵头，联合中组部、教育部、科技部等11个国家部委，启动实施了"老科学家学术成长资料采集工程"。在时任中国科学技术协会党组成员、书记处书记王春法的支持下，这项工程的系列图书出版工作，最终确定由中国科学技术出版社和上海交通大学出版社联合承担，冠名为《老科学家学术成长资料采集工程、中国科学院院士（中国工程院院士）传记》丛书。我时任科学普及出版社暨中国科学技术出版社社长、党委书记，为争取到这项光荣的出版任务并实施完成好这项重大的出版工程，尽了自己最大的努力，同时还亲自参与了相关项目的资料采集和有关图书的撰写工作。2015年5月，我调离出版社时，这套丛书已出版50余种，可谓初具规模并产生了良好的社会影响。因此，见这本图书乃属自己曾经付出过心血的丛书系列，我感到格外的熟悉和亲近。

赵忠贤与本文作者合影

赵忠贤老师爽快地答应了我的请求，并在扉页上潇洒地签上了名字和日期。在把签好名的图书递给我时，他感慨道："我大学毕业后刚到物理所不久，就参加了洪朝生先生主持的超导计算机研制工作，并成为课题组的核心成员。有人认为我是在吹牛，23岁的毛头小伙怎么可能是课题组的核心成员？后来，为撰写洪先生这本学术传记，作者在整理他的学术资料时，发现确有这方面的记载，证实了我的说法。我说这件事并不是想炫耀自己，而是想说明这样一个问题：年轻人是在给机会、压担子、干事业中成长起来的。我自己就是这方面的受益者。你若不给年轻人机会，不给他们压担子，不给他们搭平台，他们又怎么能够迅速成长起来呢？"

赵忠贤院士一生专注于超导研究，在对这个领域未知世界的探索中，激发了好奇的本能，找到了科研的乐趣，彰显了个人的价值，实现了人生的追求，践行了报国的宏愿，推动了科技的发展，促进了社会的进步，无愧于国家最高科学技术奖励的崇高荣誉。我相信，他的寄语将激励千千万万青少年热爱科学、追求真理、献身事业、勇攀高峰。

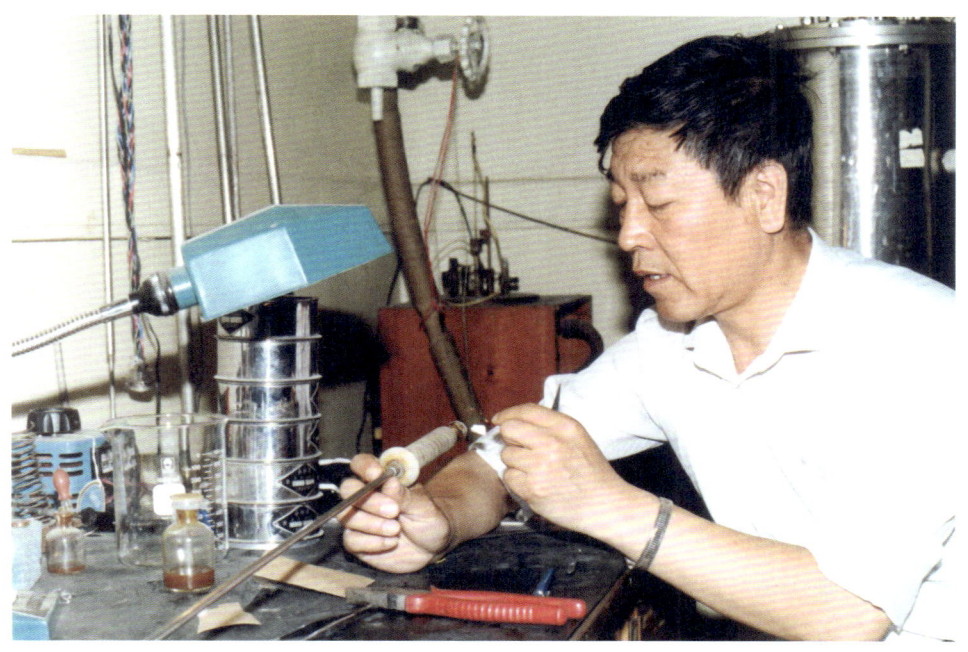

赵忠贤1992年前后在实验室工作（中科院物理所供图）

有感于赵忠贤院士骄人的科研成就和博大的爱国情怀，特填《渔家傲》词一首，以表敬仰、钦佩之情："超导神奇藏奥秘，畅通输送无阻抑，机理已清材难觅。竞相比，攻关沙场争飞翼。方向选明岂放弃？穷经皓首聚发力，突破倍增高效益。长志气，忠贤登顶彰奇迹。"

参考文献

［1］秦金哲，冯丰. 低温王国拓荒人：洪朝生传［M］. 北京：中国科学技术出版社，2017.

李振声：一生中能做的事情有限，所以目标必须明确集中

李振声，1931年2月出生，山东淄博人，1951年毕业于山东农学院（现山东农业大学）农学系，1990年当选为发展中国家科学院院士，1991年当选为中国科学院院士。小麦遗传育种学家、农业发展战略专家，中国小麦远缘杂交育种奠基人，有"当代后稷"和"中国小麦远缘杂交之父"之称。曾任中国科学院陕西省西北植物研究所所长、中国科学院西安分院院长、陕西省科学院院长、中国科学院副院长、中国科学技术协会副主席。荣获全国科学大会奖、国家技术发明奖一等奖、2006年国家最高科学技术奖。

"南米北面"，水稻和小麦是我国的两种主要粮食作物。袁隆平坐镇南方，改良水稻，大幅提高了产量。而李振声扎根大西北，培育小麦良种，甚至一度让小麦的产量超越水稻。

2020年8月13日，北京，中国农业科学院家属区，中国科学技术馆纪委书记张清带队采集89岁的李振声院士手模。进入李振声院士家中，给人的第一感觉就是简朴——老式家属楼，家中的家具摆设都是20世纪90年代的风格。

"我挨过饿,知道粮食的珍惜、可贵。"1931年李振声出生在山东淄博农村,连年旱灾让他对饿肚子有着刻骨铭心的记忆。11岁那年,山东大旱,接着灾荒。"那几年青黄不接时,榆树叶和树皮都吃光了,葱根蒜皮都是好东西,也有人饿死……"一个偶然的机会,辍学在家的李振声在济南街上看到山东农学院打出的"免费食宿"的招生广告。他抱着试一试的心态报考,没想到考上了,成了全村第一个大学生。"这是我人生的一大转折,是济南解放给我提供了这个条件,所以也就对这个机会特别珍惜,学习比较努力。"

1951年,李振声从山东农学院毕业,前往中国科学院北京遗传选种实验馆工作。此后几年,他对800多种牧草进行了较深入的观察与研究。1956年,国家号召支援大西北,李振声从北京来到西北小镇陕西杨凌,开始了在大西北长达31年的小麦遗传育种研究生涯。

李振声院士(中国科学院遗传发育所遗传实验室供图)

科学家手稿背后的故事

李振声在试验田
（中国科学院遗传发育所遗传实验室供图）

到陕当年，25岁的李振声就遇到小麦条锈病大流行，条锈病被称为"小麦癌症"，会造成小麦减产20%～50%，甚至绝收。李振声目睹灾难："你穿着一条黑裤子到麦田里走一趟，出来后就会变成黄的。"他决心进行小麦品种改良研究，打算通过牧草与小麦远缘杂交，把牧草中持久性抗病基因转移给小麦。他的大胆想法得到了有关领导和专家的支持。

他从800多种牧草中，挑选了12种抗病性强的禾本科牧草与小麦杂交，杂交成功了3种，其中以长穗偃麦草与小麦杂交的表现最好。一干就是几十年，其间母亲病重，他只照顾了一段时间便回到实验田，母亲去世时他还在实验田里做研究。经历了无数次的试验、失败，李振声成功育成小偃系列小麦新品种，在黄淮流域冬麦区广泛种植，当地流传着"要吃面，种小偃"的民谣。其中"小偃6号"成为我国小麦育种的重要骨干亲本，衍生出50多个品种，累计推广3亿多亩，增产超过150亿斤。

1978年，"小麦与偃麦草的远缘杂交研究"被授予全国科学大会奖，由于消息不畅，作为课题组组长的李振声事先没想到能够获奖，也没有亲往领奖。1985年，"小偃6号"获得国家技术发明奖一等奖。为了缩短远缘杂交育种年限,李振声团队开展了小麦染色体工程研究,建立了"小麦缺体回交育种法",大幅地缩短了杂交育种时间,得到了各国遗传学家的高度重视。

李振声采集手模

1987年,李振声被调回北京,担任中国科学院副院长。虽然担任了领导职务,但他仍然继续着小麦染色体工程研究。作为我国有重要影响的农业发展战略专家,他受命组织实施了"农业黄淮海战役""渤海粮仓"等项目,为促进我国粮食增产做出了杰出的贡献。

杂交小麦培育成功后,在我国北方冬麦区发挥了重要增产作用。而他依旧穿着朴素的衣服,过着拮据的生活,专注于研究。采集手模过程中,李振声院士多次说道,"我一个农民的儿子",以农民自居的他始终保留着农民的质朴。75岁之后,李振声给自己定了3个新任务:第一,继续着力培养青年一代,促进他们的工作有更大发展;第二,做一些力所能及的农业咨询工作;第三,看看书报,练练书法。

李振声手写寄语

李振声院士和项目组兴致勃勃地聊起了"渤海粮仓"工程。通过让普通小麦和耐盐的长穗偃麦草杂交,李振声课题组成功培育出了耐盐小麦,渤海粮仓项目实施一年,就使得环渤海地区1/10的盐碱地走上了增产之路。直到现在,李振声还在带领研究团队为渤海粮仓工程忙碌着。他们的目标是,用这片占全国1/32的粮食播种面积,增产占全国粮食增产总量1/10的粮食。

2005年4月,李振声在博鳌论坛上自豪地说:"我们认为应该将这些真实情况告诉世界,中国人能养活自己!现在如此,将来我们相信凭着中国正确的政策,以及科技和经济的发展,也必然能够自己养活自己。"这也是对1995年美国人莱斯特·布朗出版的《谁来养活中国?》一文的回应。

"一生中能做的事情有限,所以目标必须明确集中。"李振声这样寄语全国青少年。"小偃6号"的整个育种过程,耗费了李振声近30年的时光。他常说,一个人的精力有限、时间有限、智慧有限,如果能集中精力和时间做成一两件对社会真正有益的事情,那就不错了。

李振声在大学时书法就小有名气,学校办墙报总是积极参加。李振声与书法家欧阳中石过从甚密,欧阳中石曾说"科学与艺术殊途同归"。李振声的书法造诣很高,书房里不少他亲笔书写的字迹。他的论文集首页,他用小楷工整写着座右铭、白居易的诗句:"千里始足下,高山起微尘。吾道亦如此,行之贵日新。"应项目组请求,没过多久李振声院士将寄语写成书法作品赠予中国科学技术馆。

本文成稿后，2022年6月，91岁高龄、刚出院的李振声院士进行了仔细阅读和认真修改，修改处达16处，大科学家的认真、严谨、谦虚展现无遗。项目组衷心祝愿他健康长寿。

任了领导职务，但他仍然继续着小麦~~远缘杂交~~研究。作为我国有重要影响的农业发展战略专家，他组织实施了"农业黄淮海战役""渤海粮仓"等项目，为促进我国粮食增产作出了杰出的贡献。

杂交小麦培育成功后，~~中国的小麦种植发生了翻天覆地的变化~~ 在我国北方冬麦区发挥了重要增产作用。而他依旧穿着朴素的衣服，过着拮据的生活，专注于研究。采集手模过程中，李振声院士多次说道"我一个农民的儿子"，以农民自居的他始终保留着农民的质朴。75岁之后，李振声给自己定了三个任务：第一，继续着力培养青年一代，促进他们的工作有更大发展。第二，做一些力所能及的农业咨询工作。第三，看看书报，练练书法。

（受命）（染色体工程）

李振声修改稿

参考文献

［1］国家科学技术奖励工作办公室.信念、创新、奉献：国家最高科学技术奖获奖者风采［M］.北京：科学技术文献出版社，2015.

［2］郭日方.国家荣誉：记最高科学技术奖获得者［M］.南昌：江西高校出版社，2009.

［3］蒋建科.小麦里干出大事业［N］.人民日报，2007-02-28.

［4］余玮.李振声：麦田里的拓荒者［J］.中华儿女，2019（11）：1-4.

孙家栋：让青少年成为科技强国的主力军

孙家栋，1929年4月出生，辽宁瓦房店人，1948年进入哈尔滨工业大学预科学习俄语，1951年进入苏联茹科夫斯基工程学院飞机设计专业学习。中国科学院院士，著名的航天技术专家，我国人造卫星技术和卫星导航、深空探测技术的开创者之一。荣获"两弹一星"元勋、2009年度国家最高科学技术奖、"共和国勋章"。

2020年8月14日，北京，中国航天科技集团公司。在秘书的帮助下，91岁高龄的孙家栋院士完成手模采集，他也是最年轻的"两弹一星"元勋之一。

2009年孙家栋在西昌卫星发射中心检查北斗导航卫星研制工作

（中国航天科技集团有限公司供图）

孙家栋被称为中国航天的"大总师",翻开他的人生履历,就如同阅读一部新中国航天事业的发展史。孙家栋总结自己的职业生涯——7年学飞机,9年造导弹,50年放卫星。他38岁出任"东方红一号"卫星技术总负责人,65岁出任北斗导航系统总设计师,75岁出任探月工程总设计师。据统计,在我国自主研制发射的前一百个航天飞行器中,由孙家栋担任技术负责人、总设计师或工程总师的超过1/3。

1951年留学苏联前夕的孙家栋
(中国航天科技集团有限公司供图)

一顿红烧肉改变了他的人生。1950年,孙家栋正在哈尔滨工业大学读预科,元宵节那天下午他原本打算到姐姐家改善伙食,突然听说食堂晚饭加餐有红烧肉,他临时改了主意,决定吃完晚饭再去。吃晚饭的时候,学校主管人员突然来到餐厅通知大家说,中国人民解放军空军招人,有意者可以马上报名。从小就有报国梦的孙家栋来不及与家人商量,毅然填报了从军申请。当天晚上,孙家栋和报名参军的同学一起登上列车前往空军第四航空学校报到,途中他被任命为副队长。孙家栋因为俄语基础好,成为第四航空学校急需的苏联航空教官的授课翻译。

进入航校的第二年,经过层层选拔,孙家栋作为新中国第一批公派留学人员,被选送到苏联茹科夫斯基空军工程学院飞机设计专业学习。孙家栋像海绵一样不知疲倦地学习。有一次考试,主考官拿错考卷提问没学过的课程内容,孙家栋引经据典对答如流。留苏 6 年 8 个月,他以所有科目满分的成绩拿到了"斯大林金质奖章",那一年全苏联军队院校毕业学员中仅 13 人获得该奖。

1958 年毕业回国后,孙家栋被分配到国防部五院一分院导弹总体设计部,转行参与导弹研究。他和战友们奋战 9 年,白手起家,实现了中国导弹从无到有的重大突破。

1967 年 7 月,38 岁的他被任命为负责我国第一颗人造地球卫星的总体设计工作。按照"上得去、抓得住、听得清、看得见"的总体目标,他简化方案。最后确定了卫星研制"两步走"战略——先解决有没有问题,再研制带有探测功能的应用卫星。1970 年 4 月 24 日,"东方红一号"卫星成功发射,中国成为世界上第 5 个自行研制和发射人造卫星的国家。4 月 24 日,也成为"中国航天日"。

卫星发射是一项高风险事业。1974 年,孙家栋带领团队研制的我国第一颗返回式遥感卫星发射出现意外,火箭点火升空 21 秒后就在天空直接爆炸了。天寒地冻的戈壁滩上,一片火海,孙家栋泪流满面。他和同伴一寸一寸地在沙地里寻找火箭残骸,最后发现是火箭中一根导线的铜丝在发射的震动中断了。惨痛的教训,促成了航天质量体系与制度的建立。孙家栋说:"一个电子管零件坏了,火箭或者卫星上的所有仪器,都不能再出现这一批次的零件,不论好坏。"

1990 年海湾战争爆发,让全世界看到了全球定位系统(GPS)的威力。1994 年,孙家栋被任命为"北斗导航试验卫星"(简称"北斗")工程总设计师,中国开始建设北斗卫星导航定位系统。面对当时已经成熟运行的国外卫星定位系统,中国"北斗"该如何发展?孙家栋认为"北斗"需要寻找一条符合中国国情的发展道路,也就是"北斗"系统三步走发展道路——先建试验系统,再建区域系统,最后建成全球系统。2020 年 7 月 31 日,北斗三号全球卫星导航系统正式开通,我国成为世界上第 3 个独立拥有全球卫星导航系统的国家。这是我国迈向航天强国的重要里程碑,也是我国为全球公共服务基础设施建设做出的重大贡献。

20 世纪 70 年代孙家栋在卫星研制现场领导研制工作(中国航天科技集团有限公司供图)

2004 年,75 岁高龄的孙家栋出任探月工程"嫦娥工程"的总设计师。孙家栋说:"国家需要,我就去做。航天是我的兴趣爱好,搞一辈子也不会觉得累。"2007 年 11 月,"嫦娥一号"带着中国人的奔月梦想,成功进入环月轨道,航天飞行指挥控制中心大家欢呼雀跃,而孙家栋却悄悄背过身子,偷偷掏出手绢擦去眼泪。2019 年 1 月,"嫦娥四号"探测器成功实现人类首次月球背面软着陆。

2009 年孙家栋 80 岁生日前夕,收到一份特殊的礼物,98 岁的钱学森给他寄来贺信:"孙家栋院士,您是我当年十分欣赏的一位年轻人,听说您今年都八十大寿了,我要向您表示衷心的祝贺!您是在中国航天事业发展历程

中成长起来的优秀科学家,也是中国航天事业的见证者。我为您取得的成就感到骄傲。希望您今后要保重身体,健康生活,做一名百岁航天老人。"钱学森是孙家栋走上航天事业的引路人,这让孙家栋非常感动。

孙家栋还有着一个"闪婚"的浪漫故事。"我从苏联回来后已是大龄青年了,也是工作忙,顾不上。"1959年清明时节,朋友的夫人偶然给他看了一张照片,照片中是她在哈尔滨医科大学的同学魏素萍,孙家栋一见钟情。那年"五一",孙家栋利用假期跑去哈尔滨见了魏素萍。他在哈尔滨只待了20多个小时,但两人一见如故,相见恨晚。108天后,魏素萍只身来到北京……如今两人相濡以沫60多年。

孙家栋院士伉俪合影(中国航天科技集团有限公司供图)

青少年是祖国的未来，少年强则国强。作为新中国自己培养的火箭专家、钱学森当年十分欣赏的年轻人、最年轻的"两弹一星"元勋之一，孙家栋院士已进入鲐背之年。他亲笔题词寄语全国青少年："让青少年成为科技强国的主力军。"

孙家栋手写寄语

参考文献

[1] 王建蒙.孙家栋传[M].北京：中国青年出版社，2015.

[2] 国家科学技术奖励工作办公室.信念、创新、奉献：国家最高科学技术奖获奖者风采[M].北京：科学技术文献出版社，2015.

[3] 胡喆.孙家栋：一辈子与卫星打交道的航天"大总师"[Z].新华社，2019-09-19.

[4] 温竞华.北斗三号全球卫星导航系统建成开通三大看点[Z].新华社，2020-08-03.

张存浩：国家的需要，就是我的研究方向

　　张存浩，1928年2月出生，山东无棣人，1938年就读重庆南开中学，1947年进入南开大学化工系攻读硕士研究生，1948年赴美留学，1950年获美国密歇根大学硕士学位，并于1950年10月回国。物理化学家，我国高能化学激光奠基人，分子反应动力学奠基人之一，中国科学院院士，发展中国家科学院院士。曾任中国科学院大连化学物理研究所所长，国家自然科学基金委员会主任、党组书记，中国科学技术协会副主席，中国科学院化学部主任。2013年度国家最高科学技术奖获得者。

　　2020年8月17日，北京，项目组前往医院采集92岁高龄的张存浩院士的手模。疫情防控时期，医院戒备森严，在张存浩院士大儿子张捷的协助下，顺利完成了采集任务。其实一周前采集小组曾到过医院，由于张捷记错时间，晚到了两个小时，手模印泥已经变硬，没有采集成功。可谓好事多磨。

　　张存浩1928年2月生于天津。1937年，全面抗日战争爆发后，他正在天津读小学。母亲不愿自己的儿子在日本的奴化教育下成长，毅然将只有9岁的张存浩交给早年从美国学成回国任教的姑父傅鹰（1955年遴选为中国科学院学部委员）和姑母张锦（有机化学家）夫妇带到大后方重庆抚养。

1935年夏，7岁的张存浩与5个月的弟弟张存济
（张捷供图）

2006年张存浩在原中央大学（现重庆大学校园）傅鹰、张锦宿舍前留影（张捷供图）

抗日战争时期，张存浩跟随姑父姑母，伴着炮火声与爆炸的轰鸣声辗转求学，重庆4年，福建长汀4年。年幼的他曾几次直面生死，"天上轰炸机投下炸弹，地道里的人就那样活活被闷死"。近在咫尺地面对生死、考验和屈辱，张存浩暗暗下了决心："以后绝不能再让日本人这么欺负我们了！"

1950年8月，张存浩获密歇根大学化学工程硕士学位。在此之前的6月，朝鲜战争爆发，他敏锐地嗅到了中美关系的走势："一天，打开报纸，头版头条的位置赫然把我们中国称作FOE，就是敌人的意思。"他料定，美国很快就会阻止中国留学生归国，如果不能尽快回国，他的报国梦想将会破灭。10月12日，他放弃继续深造的机会，放弃多家公司给出的丰厚待遇，离开旧金山，登上开往香港的威尔逊总统号邮轮，经香港回归祖国。

1951年春天，张存浩只身一人来到东北科研所大连分所（中国科学院

张存浩在密歇根大学的成绩单（张捷供图）

1950年10月，张存浩回国途经夏威夷时留影（张捷供图）

大连化学物理研究所前身），开始了科研报国生涯。学习化学工程专业的张存浩从事的第一项研究是水煤气合成液体燃料，然后转向研究火箭推进剂，之后又改为从事化学激光研究和分子反应动力学研究。4 次转行，都是国家战略前沿需要。张存浩回首当年："搞激光比搞火箭推进剂还难，主要是一无所有。"中央电视台记者采访他："回国后，做了这么多任务性科研，有没有关注过自己的科学兴趣？"张存浩答道："国家的需要，就是我的研究方向。"

1986 年，国家开始实施"863"计划。在我国一次开展激光研究的规划

20 世纪 70 年代，张存浩（后排右二）与化学激光团队一研究组
在大连金家沟实验室外的合影（张捷供图）

会议上，当时的化学激光还属于新事物，大多数专家赞同优先发展自由电子激光等其他体系的激光研究，而化学激光不列入发展之列。张存浩着急了，他对化学激光功率易于放大和不依赖外部能源等独特优越性做了深入阐述和说明，据理力争，"化学激光只需要自由电子激光1/10的经费，却能够在相同时间内，达到10倍以上效果"赢得了决策层的支持，化学激光列入了当年的"863"计划。10年后，化学激光已上升为我国高能激光的首选光源。目前化学激光在我国高能激光领域中已占据主导地位，这充分验证了张存浩等人当年决策的前瞻性和科学性。

2012年，张存浩院士在化学激光实验室办公（张捷供图）

张存浩承担的多项科研任务在研制过程中，提出了许多科学理论、方法和思想，在出成果和获取各种重大奖励时，他从不"抢功"，总是把最大功劳归于工作在第一线的合作者、部下和学生。在他荣获的4项国家自然科学奖和2项国家科学技术进步奖中，他本人排名第一获奖人的只有1项。当有人问他,为何尽可能地把机会留给年轻人时,他总谦虚地说:"我的贡献不如年轻人大。"

2014年1月,张存浩荣获2013年度国家最高科学技术奖后,在接受中央电视台采访时,他说:"我认为这个奖不该颁给我个人,而是应该授予我们的集体。没有他们,我是什么都做不了的。"

张存浩的记忆力很强,也可以说是过目不忘,尤其是对数字之类记忆更是突出,即使是在80多岁高龄时,如电话号码、银行卡号之类的数字,只需要对方讲一次,他就能记住。张存浩的超强记忆力都用在了工作上,当照顾孩子时他却是经常忘事。

1960年,张存浩一家人在大连劳动公园(张捷供图)

他的儿子张捷回忆说,他很小就进入了全托的托管班,也就是周一进托管班,周六由父母接回家,每次都是托管班小孩中最晚一个被接走的。"在我4岁的时候,有一次说好是我爸爸来接我的,结果他因工作忙,忘记了,我就一个人留在托管班,而且看门的大爷也挺坏,给我讲鬼故事,把我吓哭了。直到晚上9点多,我妈才把我从托管班接回家。因为那次听了看门大爷讲的鬼故事后,在我心里一直都留有阴影。一到晚上,如果家里没有大人,就不敢回家,这种阴影一直持续了近10年。"在那段时间里,只要是父母都晚下班,张捷就带着弟弟在家附近的马路上、院子里转悠,即使是大冬天,冻得小手通红,也不敢开门回家。

张捷还清楚地记得,一次大连化学物理研究所托儿所在庆祝儿童节的晚会上,他用稚嫩的声音唱道:"蓝蓝的天,绿绿的地,我跟爷爷放马去,这么多多的马儿谁家的?都是咱们公社的!"台下掌声一片,而同班同学却不会唱这首歌。同学家长很好奇,后来打听得知,这首儿歌不是托儿所阿姨教的,是张捷的爸爸自己教的。同学家长感慨:"张存浩不仅人聪明,会学习,会工作,也很会生活!"

参考文献

[1] 岳爱国. 我心向党科学报国:科学家精神在这里闪光[M]. 北京:科学出版社,2021.

黄旭华：一句誓言，一辈子事业

黄旭华，1924年2月生，祖籍广东揭阳，生于广东汕尾，毕业于上海交通大学，中国船舶集团公司七一九研究所名誉所长、原所长，中国工程院院士。黄旭华是中国第一代核潜艇总设计师，核潜艇事业的先驱者和奠基人之一，"共和国勋章"获得者，荣获2019年度国家最高科学技术奖。

2020年8月19日，正是"火炉"武汉最热的时候。项目组早早起床，吃完热干面，已经浑身是汗，匆忙赶回宾馆重新换上衣服，按照约定时间抵达黄旭华院士所在单位。

黄旭华院士

一位鹤发童颜、衣着朴素的老人，拄着拐杖，蹒跚而至。"请问……是黄院士吗？"项目组试探地问，面前朴实无华的这位老人，让人很难与我国第一代核潜艇总设计师、核潜艇事业的先驱者与奠基人联系在一起。

老人点点头，露出和蔼的笑容。已是鲐背之年的他，仍坚持每周到办公室工作。虽然已是96岁高龄，但黄旭华院士身体非常好。"从我的家到办公室，刚好1000步。"他对于自己的"锻炼方式"非常自豪。

"参加会议，我经常是3个'最'——年纪最大、工龄最长、党龄最长。"黄旭华笑着说。黄旭华1926年生，1949年加入中国共产党并参加工作，无怪乎经常是"3个最"。"有资料说您是1924年生，有的说是1926年，哪个正确呢？""身份证上是1926年，以身份证为准吧。"他的回答引来大家哈哈大笑。黄旭华说自己"党龄最长"，听起来轻描淡写，项目组事后才知道，他于1949年春在上海交通大学读书时加入中国共产党，1949年4月上海解放前夕，国民党特务来学校抓人，黄旭华因反应机敏躲进宿舍水房逃过一劫，而他的同班同学共产党员穆汉祥则不幸被特务抓住，20多天后被残酷杀害。

采集过程接近一个小时，项目组几次请黄旭华去沙发椅上休息，但他坚持在离项目组最近的椅子上坐着，看着大家，陪大家说话，直到全程结束才起身回到沙发椅上，显示出他对项目组的工作很重视、很尊重，对年轻人也很爱护。黄旭华身边的工作人员提起他，首先说起的不是他的技术、贡献，而是他关怀职工、体恤家属的动人故事与见微知著的感人细节。良好的人际关系使他在核潜艇研制过程中得到了领导的肯定、同事的信任、下属的支持，工作顺利推进。

手模采集拍照留影，一开始他表情略微不够自然，他的秘书掏出手机给他一边拍照，一边说："这张要发给李阿姨（黄旭华夫人李世英）看。"黄旭华瞬间露出温情的笑容。

黄院士称夫人李世英为"三品"夫人，集品德、品质、品味于一身，家庭美满。一家人酷爱音乐，经常举行家庭音乐会，从俄语的俄罗斯民歌、英语的美国歌曲，到《欢乐颂》《阳关三叠》《米赛亚》《圣诞之歌》，曲目广泛，其乐融融。

1956年黄旭华与李世英在家中举办婚礼时的合照(黄旭华供图)

黄旭华院士与手模采集团队合影

第二章 手模采集

手模采集完成后,项目组希望他写一句寄语送给全国的青少年,一开始他予以婉拒。他说:"朱镕基总理当时给自己定了一个原则:不题词。其他媒体来,我也从不题词。习近平总书记说得很全面了,我们做好落实就行了。"

项目组再三请求,说其他科学家都题了。他的秘书见状说:"请你们先回避,我们商量一下。"过了一会儿秘书说:"请你们进来吧。"黄旭华拿着一张白纸,准备题词。"需要录像吗?"项目组想稍后录寄语视频,表示不用了。只见他写道:"一句誓言,一辈子事业。"字非常帅气。

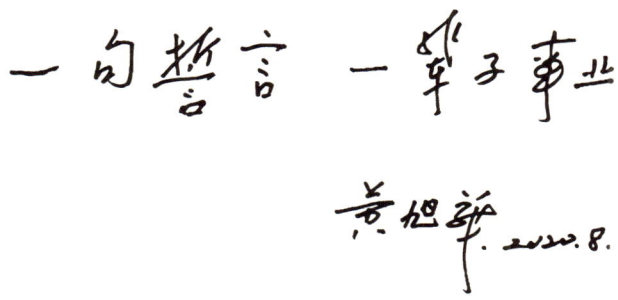

黄旭华手写寄语

作为最先进的海军装备之一,核潜艇诞生于1954年,美国、苏联等都先后拥有了核潜艇。毛主席豪迈地讲:"核潜艇,一万年也要搞出来。"为此,黄旭华隐姓埋名30年,潜心参与核潜艇研制,母亲和兄弟姐妹都不知道他在做什么工作,父亲和二哥去世他都没有回家,家里有很多怨言。后来他的工作逐渐解密,母亲把兄弟姐妹召集在一起,说了一句话:"三哥(黄旭华)的事情,大家都得谅解。"就讲了这么一句话,让黄旭华热泪盈眶。2014年黄旭华被中央电视台评为"感动中国2013年度人物",他在采访中说道:"从1958年以来,我没有离开这个岗位,我献出了一生,我无怨无悔。""干惊天动地事,做隐姓埋名人。"也许是黄旭华一辈子最好的写照。

题完词,项目组希望像其他科学家那样将寄语录成视频,'就一句话',

然而他婉拒了。2020年9月19日"国家最高科学技术奖获奖科学家手模墙"揭幕后，科学家寄语视频公布，反响强烈。项目组向黄旭华院士的秘书报告了视频反响情况，同时表示没有录制黄院士的视频殊为遗憾，是否可以补录，或者用手机录一段音频作为画外音。回复是："黄院士说，多多宣传其他的科学家。我们尊重黄院士意见。"

2021年10月28日，黄旭华向中国船舶集团所属第七一九所捐赠了1100万元个人所获奖金，作为科技创新奖励基金，以激励更多优秀人才脱颖而出。"我的捐赠，希望起到'抛砖引玉'的作用，起到'种子'的作用，引起社会的响应，让更多的人都来关注、关心、支持科研、教育和科普事业。"黄旭华将自己所获得的各类奖金逾2000万元，几乎全部捐献出来，用于国家的教育、科研及科普事业。

参考文献

［1］王艳明．誓言无声铸重器：黄旭华传［M］．北京：中国科学技术出版社，2017．

［2］中国中央电视台．感动中国·2013年度人物 黄旭华［Z］．2014-02-10．

［3］李祺瑶．到中国科技馆和袁隆平、孙家栋、屠呦呦、黄旭华"击掌"，大科学家双手的故事［N］．北京晚报，2020-10-14．

刘东生：人类只有一个地球

刘东生（1917.11—2008.3），辽宁沈阳人，1942年毕业于西南联合大学地质地理气象系，1980年当选中国科学院院士，还是发展中国家科学院院士和欧亚科学院院士。他是我国著名的地球环境科学家，被誉为"黄土之父"，曾任中国科学技术协会书记处书记、中国科学技术馆首任馆长、中国科学探险协会主席等。荣获2003年度国家最高科学技术奖、国际泰勒环境科学成就奖。

刘东生院士已于2008年3月去世，幸运的是，他生前留有三模，在其生前所在单位中国科学院地质与地球物理研究所存放展示。经与刘东生院士家属沟通，对他的手模进行了复制。

刘东生祖籍天津，生于辽宁沈阳，父亲刘辑五曾任奉天铁路皇姑屯站副站长。刘东生5岁上私塾，12岁考入著名的天津南开中学。"皇姑屯事件"第二天，他目睹张作霖的专列残骸；卢沟桥事变当天，他正好乘火车从天津回北京，火车停靠丰台后半夜才回到家。国难当头，使刘东生很小就体会到国耻。积极投身救国热潮的他，刻苦锻炼身体。

1937年，刘东生从天津南开中学毕业，由于日本入侵，北京大学、清华大学等著名学府纷纷南迁，他在天津度过了艰难的一年。1938年7月，刘东生乘船到香港，与父亲会合，当时父亲已为他办好赴美护照。无论父亲怎么劝说，他就是不同意出国，坚持留在国内参加抗战。他从香港经越南西贡、河内抵达昆明，以南开中学高中毕业生身份，免试入读西南联大。他遵从父命先学机械，后有感于找矿更能直接为抗战服务，改学地质。日机频繁侵扰，同学惨死于轰炸，生活异常艰苦，但刘东生刻苦学习，以优异的成绩完成了学业。

1934年，刘东生参加华北运动会（摄于青岛海滨）
（刘强供图）

1940年在西南联大求学期间刘东生与同学朱之杰（右）学长徐煜坚（中）在一起野外实习（刘强供图）

抗战胜利后，刘东生如愿考入地质调查所，师从著名科学家杨钟健研究古脊椎动物，开始小有名气并出版专著。新中国成立后，国家决心治理黄河，急调他参加黄土区水土保持工作，从此刘院士走上了黄土研究之路。

刘东生通过黄土高原区十条大断面的路线考察，获取了大量的第一手资料。他系统总结了考察的成果，几年间完成了《黄河中游黄土》《中国的黄土堆积》《黄土的物质成分和结构》3本著作，创建了黄土的"新风成学说"，平息了黄土高原"风成"与"水成"的争论。他的3本专著成为后人研究黄土的经典，也对"治黄"具有指导性的重要作用。

1962年，刘东生在陕西蓝田县考察，准备收队返回驻地时，发现头顶上方有一块古动物化石。由于天色已晚担心挖掘会损坏化石，准备第二天再来，但第二天科考队有事未能返回。结果，与"蓝田人"的发现失之交臂，这让刘东生遗憾终身：就是因为我少走了那么几步，我没有多花一点力气把它取下来……这个教训实在太深刻了。

刘东生的勤奋是出了名的。1976年唐山大地震后，几个月里大家全部住单位搭建的临时地震棚里，每天不是聊天就是打牌。而刘东生每天晚上都到楼门口，利用那里微弱的灯光，坐在马扎上看书或写东西，发生余震还可以很快地逃离。

1950年，刘东生参加全国第一次地质矿产普查（刘强供图）

老骥伏枥，壮心不已。1991年，74岁的刘东生去了南极，在南极长城站工作了两个多月；1996年，79岁的他去了北极；2001年，他以84岁的年龄，再次去了青藏高原；而2004年与夫人一起去新疆罗布泊考察时，他已是87岁高龄了。他勉励青年科研工作者，要趁着年轻，到大自然去，到实验中去。

1997年，80岁的刘东生到夏威夷看望女儿，这是他工作50多年来第一次休假。他休假时也不停歇，去考察夏威夷火山。他在火山熔岩上面走了将近10个小时，一起考察的20多岁的学生们都累得要命，而80岁的他还兴致勃勃地采集标本。

刘东生被他的学生戏称为"得奖专业户"，刘东生领导的

第二章　手模采集

1991 年，74 岁考察南极，在长城站住了两个月（刘强供图）

2001 年，84 岁第 7 次踏上青藏高原科考（刘强供图）

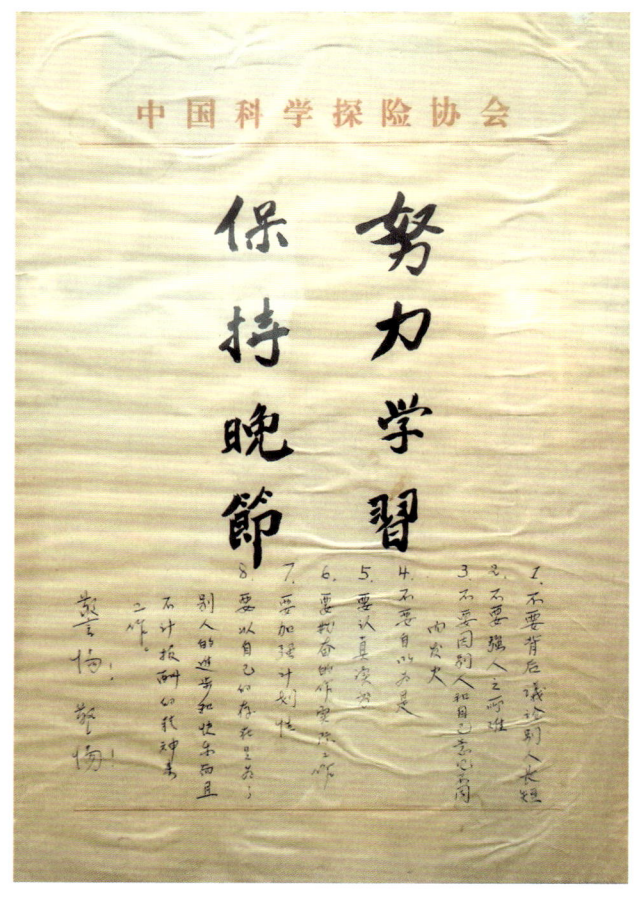

刘东生"四要，四不要"

研究项目几乎没有一项不获得大奖。刘东生的学生丁仲礼院士曾评价说："刘东生院士科研之所以大有收获，归纳为三点：一是底子厚实，有战略科学家的远见卓识，能够把握住世界科学的前沿方向；二是有广阔的胸怀和团队组织能力，带领队伍不断向前奔跑；三是有较强的人际交往与沟通能力。而对科学研究的前瞻性尤其重要。"

刘东生被认为是平易近人的楷模。"无论是讨论工作问题还是学术问题，他从来都是用商量的口气，遇到分歧时，他总是认真地考虑别人的意见，能够协商解决的，他绝不会坚持自己的意见。不过原则问题他也不会让步，但是态度总是非常和善的，从来没有发过脾气。""他从不说他的工作成就，也不谈遭受什么不公平的遭遇。"国外同行业也说他具有"东方人的智慧"。

在中国科学院地质与地球物理研究所的"刘东生先生纪念室"，刘东生手书的做人做事"四要，四不要"给项目组留下了深刻印象。

1. 不要背后议论别人长短
2. 不要强人之所难
3. 不要因别人和自己意见不同而发火
4. 不要自以为是
5. 要认真读书
6. 要勤奋地作实际工作
7. 要加强计划性
8. 要以自己的存在是为了别人的进步和快乐而且不计报酬的精神来工作

刘东生 1982 年年底兼任中国科学技术馆馆长,当时的中国科学技术馆处于初创阶段,面临着很大困难,特别是社会上有一部分人要求停建。刘东生和茅以升一同抵制压力,使中国科学技术馆得以生存和发展起来。他非常注意科技馆的理论建设,提出了世界科技馆发展的 3 个阶段——18 世纪欧洲文艺复兴之后为第一阶段,19 世纪为科学博物馆发展的第二阶段,20 世纪为科学博物馆发展的第三阶段,这一观点对科技馆的发展和定位起了指导作用。

在最终落成的科学家手模墙上,关于刘东生院士的介绍,特意注明"中国科学技术馆首任馆长"身份,以示纪念。为传承和弘扬他的科学思想与人格魅力,中国科学技术馆正积极筹拍电影《刘东生》,期待早日上映。

参考文献

[1] 白晶. 刘东生传 [M]. 南京:江苏人民出版社,2009.

[2] 潘云唐. 刘东生传 [M]. 北京:科学出版社,2017.

[3] 中国第四纪科学研究会. 纪念刘东生院士 [M]. 北京:商务印书馆,2009.

[4] 国家科学技术奖励工作办公室. 信念、创新、奉献:国家最高科学技术奖获奖者风采 [M]. 北京:科学技术文献出版社,2015.

[5] 刘东生先生纪念展室 [Z]. http://www.chiqua.org.cn/ldsxsjnzs/.

故事 21

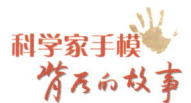

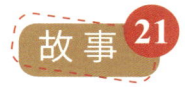

王大中：为了和平与安全

王大中，1935 年 2 月出生，河北昌黎人，1958 年毕业于清华大学工程物理系，曾任清华大学核能技术研究所所长、清华大学校长，中国科学院院士。核能科学家、教育家，实现核反应堆固有安全的带头人。荣获 2020 年度国家最高科学技术奖。

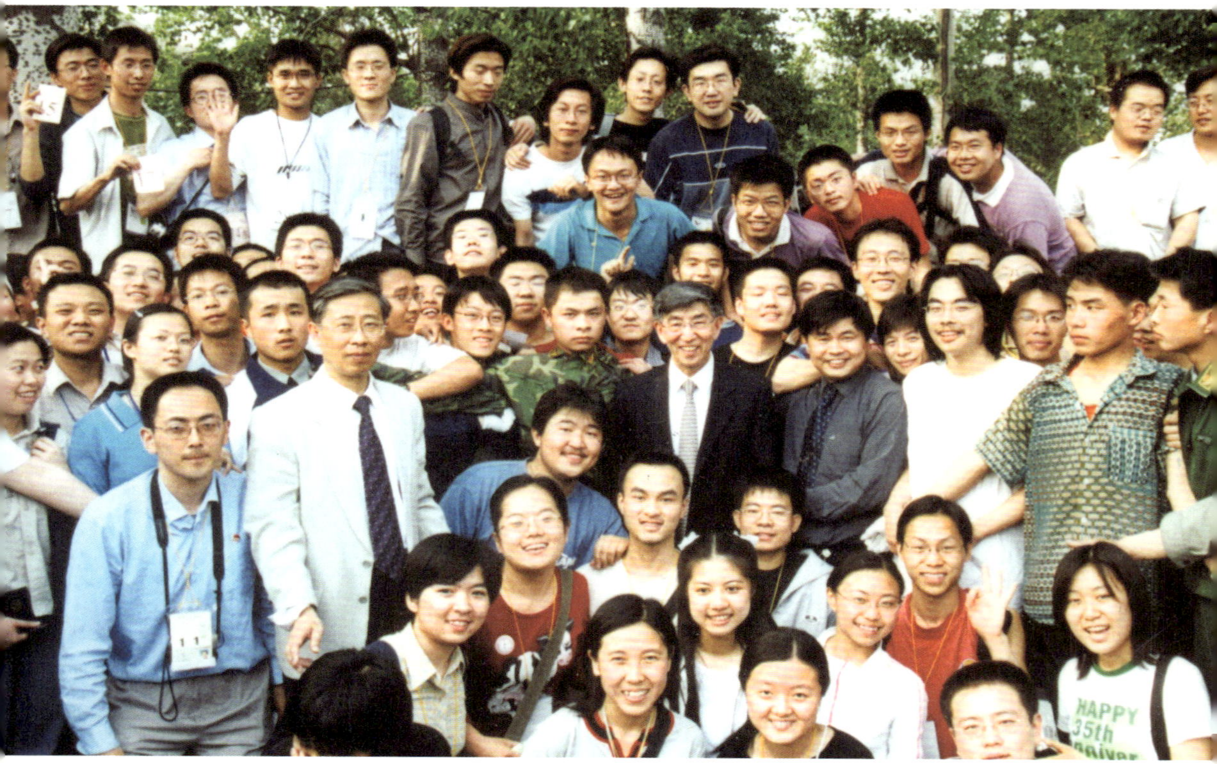

王大中与清华学子在一起（清华大学供图）

第二章 手模采集

2021年11月3日，顾诵芬、王大中荣获2020年度国家最高科学技术奖。与往年1月10日左右颁奖不同，2020年度的颁奖典礼晚了不少。原计划颁奖之后，立刻采集两位科学家的手模，因北京突发疫情，手模采集往后延迟了一段时间。12月1日，中国科学技术协会党组成员、书记处书记兼中国科学技术馆馆长殷皓带队，前往清华园采集王大中院士手模。

冬日的清华园，碧空如洗，暖意融融。中国科学技术馆馆长殷皓向86岁高龄的王大中院士荣获国家最高科学技术奖表示祝贺，详细介绍"国家最高科学技术奖获奖科学家手模"项目的由来和反响，以及中国科学技术馆"科学家精神教育基地"建设情况，并热情邀请王大中院士及其团队方便时参观中国科学技术馆。

王大中院士愉快接受了邀请。前不久，他刚刚参观了中国科学技术馆的新邻居、新开放的中国共产党历史展览馆。王大中院士对"科学家手模"项目表示高度肯定，认为青少年触摸科学家手模这种形式非常好，有助于培养青少年的科学兴趣。

王大中院士在手模印泥上欣然按下手印，并与家人、工作人员合影留念，记录下这有意义的一刻。

王大中院士（中）与中国科学技术馆馆长殷皓（右二）及手模采集团队成员合影

青年王大中（清华大学供图）

自 2003 年卸任清华大学校长后，王大中院士很少在公共场合露面。获得国家最高科学技术奖，他再次回到公众视野。就获奖一事接受媒体采访时，他说："国家最高科学技术奖属于集体，属于所有知难而进、众志成城的'200 号'人，也属于所有爱国奉献努力拼搏的科技工作者。"

1935 年，王大中出生在河北省昌黎县的一个普通家庭，18 岁时他以优异成绩考入清华大学机械系。到高年级分专业时，王大中选择了反应堆工程专业，成为我国首批反应堆工程专业的学生。1960 年，留校任教的王大中接到了一个重要任务：参与中国第一座自主设计、建造的核反应堆——屏蔽试验反应堆的设计和建设，工程代号"200 号"。

科研条件艰苦，生活设施落后。在北京远郊荒山下，建设者们自己动手搭帐篷、拉电盖房。平均年龄只有 23 岁半的研究团队，一切几乎从零开始，唯一可以参考的资料是来自苏联的一张图纸。王大中与团队一起，用粗糙的"马粪纸"制作工程模型，用几十台手摇计算机进行数值计算。经过 6 年的艰苦奋斗，他们设计建造起了新中国第一座屏蔽试验反应堆。王大中回忆说："当时遇到了很多困难，但也充分锻炼了我们知难而进、艰苦奋斗的精神。"困难不仅有工作上的，还包括生活上的。例如，有一次他的女儿高烧不退，他和爱人抱着孩子从昌平虎峪村艰难步行到南口火车站，再搭火车到城里看病。

"200号"基地年轻的建设者（左列自上而下第三为王大中，清华大学供图）

1979年美国三哩岛核电站发生堆芯熔化事故，1986年苏联切尔诺贝利核电站发生严重事故，世界核能事业陷入低谷。王大中意识到，安全性是核能发展的生命线。1956年美国著名核科学家泰勒曾指出：要使公众接受核能，反应堆安全必须是"固有的"。也就是说，在任何事故状态下，核反应堆都能够不依靠外部操作，仅靠自然物理规律就能够趋向安全状态。由此，王大中决心发展固有安全的核反应堆。

纸上谈兵易，真刀真枪难。王大中瞄准"固有安全"这一目标，20年磨一剑，自主创新，坚持不懈，带领团队先后建成世界上第一座5 MW低温核供热堆和10 MW高温气冷实验堆，破解了核能安全的世界难题。随后，他又积极推进工业规模的模块式高温气冷堆核电站的建设。2021年9月，华能山东石岛湾高温气冷堆核电站示范工程1号反应堆首次达到临界状态，机组正式开启带核功率运行，同年12月20日，示范工程成功实现首次并网发电。这是我国完全自主知识产权、世界首座具有第四代先进核能系统特征的模

块式球床高温气冷堆核电站，中国在工业规模的先进反应堆技术上正在领跑世界。

王大中说："科技事业是一项崇高的事业，值得一辈子去追求和奋斗。"在他看来，科研就像摘果子，如果目标伸手可及，有果子早让人摘走了；如果眼光太高，跳多少次也够不着，只能无功而返。适度的标准是"跳起来摘得着"，而跳是不断增高的，达到一个高度，又瞄向新的高度。

1994—2003年，王大中出任清华大学校长，完成了从科研工作者到教育工作者身份的转变。他说："教育改革一定要让最广大的学生受益。"他制定了建设世界一流大学"三个九年，分三步走"的总体发展战略。在任期间，清华大学在住宿条件、服务设施、校园环境等方面发生了质的变化，而这些变化最大的受益者就是学生。他骑着旧自行车穿行在清华大学校园的故事，至今为清华学子所传颂。

2011年，清华百年校庆晚会上王大中翩翩起舞（清华大学供图）

由于身体不适，王大中院士事后补录了寄语视频。他勉励全国青少年："投身一项有价值有意义的事业，总是会遇到这样和那样的困难，选择了就要不轻言放弃，要有'十年磨一剑'的坚守与韧劲。解决困难的关键还在于实事求是，按科学规律办事，在脚踏实地的奋斗中持续增强信心，不断地迈向新的高度。"王大中院士也告诫自己的博士生，要沉下心去，耐得住寂寞，没有十年磨一剑的精神，是干不成大事的。

　　2021年12月31日，王大中院士与夫人高祖瑛教授将获得的国家最高科学技术奖和学校的全部奖励金捐赠清华大学教育基金会，设立"王大中奖学金"，以鼓励后学奋进努力、成才报国。

参考文献

［1］赵姝婧，张静.祝贺！清华王大中院士获国家最高科学技术奖［EB/OL］.（2021-11-13）［2021-12-04］.https://www.sohu.com/a/499261529_453160.

［2］操秀英.王大中：为国释放一个核能研究者的最大能量［N］.科技日报，2021-11-03.

［3］央视网.2020年度国家最高科学技术奖获得者王大中：矢志报国 坚韧不拔的核能科学家［EB/OL］.（2021-11-03）［2022-12-04］.https://tv.cctv.com/2021/11/03/VIDEonP4qFXj719H6Bq7O7BP211103.shtml.

［4］詹媛.王大中：科研如登山 需要悟性勇气和韧性［N］.光明日报，2021-11-04.

［5］何蕊."建堆育人"王大中［N］.北京日报，2022-05-05.

顾诵芬：逐梦蓝天，捍卫领空

顾诵芬，1930年2月出生，江苏苏州人，1951年毕业于上海交通大学航空工程系，中国航空工业集团有限公司研究员，中国科学院院士、中国工程院院士，我国著名飞机设计师、中国飞机空气动力设计奠基人。2020年度国家最高科学技术奖获得者。

顾诵芬院士（中国航空工业集团供图）

第二章　手模采集

2021年12月6日，北京艳阳高照，中国科学技术馆副馆长隗京花带领项目组，应约前往采集顾诵芬院士手模。顾诵芬院士建立了新中国飞机空气动力学设计体系，开创了我国自主研制歼击机的先河，持续开展航空战略研究，为我国航空科技事业做出了重大贡献。

顾诵芬院士已是91岁高龄，由于身体不适正在医院里休养。他坐在轮椅上，身体有些虚弱，一个月前的国家最高科学技术奖颁奖典礼，他就坐着轮椅出席。病房很普通，顾诵芬院士的夫人江泽菲在照顾他。江泽菲毕业于北京大学医学院，曾在沈阳医学院第一附属医院、中国儿童中心工作，满头银发、和蔼可亲。

项目组正打算找一间会议室，顾诵芬院士的秘书说就在病房里采集，于是大家开始收拾桌子，布置器材。顾诵芬院士见到项目组手里提着花篮，说"不用这么破费"，一下子把大家的心拉近了。

1930年，顾诵芬出生于被康熙称为"江南第一读书人家"的苏州顾氏，他的父亲顾廷龙是国学大师，新中国成立后曾任上海图书馆馆长，母亲潘承圭是当时为数不多的知识女性，族兄顾颉刚是著名历史学家。因排行为"诵"，曾外叔祖王同愈取西晋陆机《文赋》"咏世德之骏烈，诵先人之清芬"之意，为他取名"诵芬"。

1935年，顾诵芬与母亲、哥哥一起从苏州前往北平，与在燕京大学图书馆任职的父亲团聚。两年后"七七事变"爆发，日本飞机编队轰炸中国兵营，7岁的顾诵芬第一次看到飞机。"轰炸机就从我们家上空飞过，连投下的炸弹都看得一清二楚。"爆炸所产生的火光和浓烟仿佛近在咫尺，玻璃窗被冲击波震得粉碎。日本飞机的狂轰滥炸，萌发了他"我要设计飞机，保卫祖国的领空"的梦想。

10岁的时候，顾诵芬收到堂叔送的一份特殊生日礼物——一个木制航模，这在当时是很难得的。他爱不释手，从此对飞机的爱好一发不可收。

从小就泡在图书馆里的顾诵芬，学习成绩非常好，顾廷龙甚为欣慰，在日记中写道："芬儿本学期成绩揭晓，获冠全班，可喜。"上中学时，苏联著名飞机设计师雅科列夫的自传《一个飞机设计师的故事》对顾诵芬产生了

顾诵芬和他小时候最喜欢的玩具
（中国航空工业集团供图）

重要影响。从上海南洋模范中学毕业后，顾诵芬先后参加了浙江大学、清华大学、上海交通大学的入学考试，报考的都是航空专业，全被录取。最终他听从母亲建议，就近选择了上海交通大学航空系。

大学毕业前夕，学校要留顾诵芬当助教。哥哥英年早逝，母亲身体不好，父母也希望他留在上海。然而顾诵芬一心想干实际的飞机设计研究工作，毅然远赴北京，到新组建的航空工业局报到。

1964年，中国开始研制"歼-8"飞机，这是中国自行设计的第一款双发高空高速歼击机。顾诵芬先作为副总设计师负责"歼-8"飞机气动设计，后全面主持该机研制工作。顾诵芬回忆说："压力很大，所以'歼-8'上天的前一天的晚上我做了好多噩梦，惊醒了，把旁边睡的人都吓着了。"

在后来的试飞试验中，"歼-8"飞机在跨声速飞行试验中出现了强烈的抖振。为了解决这一问题，顾诵芬瞒着家人做了一个大胆的决定：乘"歼教-6"飞机上天，跟在"歼-8"试验飞机后用望远镜观察！而此前的1965年，他的连襟、"歼-8"首任总设计黄志千在执行出国任务时，因为飞机失事遇难，他的夫人江载芬与家人约定——不再乘坐飞机。

据当时驾驶飞机的试飞员鹿鸣东回忆："顾总那会儿已年近半百，却丝毫不顾高速飞行对身体带来的影响和潜在的坠机风险，毅然亲自带着望远镜、照相机，在万米高空观察拍摄飞机的动态，这让所有在场的同志都十分震撼和感动。"经过3次近距离飞行观察，顾诵芬找到症结，成功解决了抖振问题。

顾诵芬自始至终没有告诉家人自己上天的事。后来家人知道了，问他为什么违反约定。他说："我告诉你们有什么用，我觉得应该去我就得去。"

1980年，"歼-8Ⅱ"飞机立项研制。顾诵芬任该型号总设计师，组织和领导军地多个部门、上百个单位高效协同工作，仅用4年就实现了飞机首飞。"歼-8"系列飞机的研制，牵引构建了较为完善的航空工业体系，促进了冶金、化工、电子等工业的发展。2000年，"歼-8Ⅱ"飞机荣获国家科学技术进步奖一等奖。他带领的团队走出了1位科学院院士、4位工程院院士、2位型号总指挥。在决策研制大飞机的过程中，顾诵芬做出了突出贡献。

顾诵芬（后座）乘"歼教-6"飞机升空，前排飞行员为鹿鸣东（中国航空工业集团供图）

工作中的顾诵芬（中国航空工业集团供图）

设计了一辈子飞机，设计出满意的飞机了吗？顾诵芬说："现在还不满意，要满意了就用不着再干了，还得努力。"虽然年过九旬，但他只要身体允许，仍然坚持上班，坚持读书，持续关注国际航空前沿科技发展动态，思考未来。"了解航空的进展，就是我的晚年之乐。"

"回想我这一生，谈不上什么丰功伟绩，只能说没有虚度光阴，为国家做了些事情。"他总是说："党和人民给了我很多、很高的荣誉。这些荣誉应归功于那些振兴中国航空工业的领导和默默无闻、顽强奋斗的工人、技术人员。"

手模采集很顺利。采集完手模，顾诵芬院士开心地与夫人合影留念，伉俪情深。护士也来一起留影。

顾诵芬院士伉俪合影

录制寄语视频时，顾诵芬院士的助手准备了3条，他选择了第一条"放飞梦想，逐梦蓝天"。他略加思索，拿出笔划掉"放飞梦想"，增加"捍卫

领空"4个字，然后缓缓说出："愿青年朋友能逐梦蓝天，捍卫领空。"声音很低，平缓中透着坚定。项目组非常感动，衷心祝愿他早日康复。

参考文献

［1］顾诵芬，师元光.顾诵芬自传［M］.北京：航空工业出版社，2014.

［2］老科学家学术成长资料采集工程顾诵芬院士采集小组.顾诵芬传［M］.北京：航空工业出版社，2021.

［3］胡喆.顾诵芬：蓝天寄深情　为国铸"战鹰"［EB/OL］.（2021-11-03）［2021-12-07］.https://www.sohu.com/a/499066178_417915.

［4］马海燕.顾诵芬：70年航空报国路［EB/OL］.（2021-11-03）［2021-12-07］.http://www.hi.chinanews.com.cn/hnnew/2021-11-03/4_145617.html.

［5］杨舒.顾诵芬：咏之骏烈　诵之清芬［N］.光明日报，2021-11-03.

［6］中国中央电视台.感动中国·2021年度人物：顾诵芬［Z］.2022-03-06.

［7］张棉棉.顾诵芬：造飞机、卫祖国，一生的事业！［Z］.中国中央广电总台中国之声2022-06-15.

第三章

美好呈现

2020年9月19日,"全国科普日"第一天,"国家最高科学技术奖获奖科学家手模墙"正式对公众开放。开幕前一周的9月11日,习近平总书记在科学家座谈会上发表重要讲话,指出"科学成就离不开精神支撑。科学家精神是科技工作者在长期科学实践中积累的宝贵精神财富。"要求我们自觉践行、大力弘扬新时代科学家精神。国家最高科学技术奖获奖科学家手模墙此时推出正当其时。

揭幕仪式邀请了赵忠贤、王小谟两位院士作为国家最高科学技术奖获得者代表出席,他们俩也是当时健在的19位获奖科学家中最年轻的获奖者,正好都在北京,且一个为中国科学院院士,一个为中国工程院院士,非常具有代表性。时任中国科学技术协会党组书记、常务副主席、书记处第一书记怀进鹏,中国科学技术协会副主席、书记处书记孟庆海,中国科学技术协会党组成员、中国科学技术馆馆长殷皓,国家科学技术奖励工作办公室相关负责

赵忠贤、王小谟院士出席"国家最高科学技术奖获奖科学家手模墙"揭幕仪式

同志，以及现场数百名观众和人民日报、新华社、中央电视台等数十家媒体记者出席了揭幕仪式。

揭幕仪式上，中国科学技术馆馆长殷皓、国家科学技术奖励工作办公室副主任高洪善分别代表主办单位致辞。殷皓馆长表示，科技兴则国家兴，科技强则国家强。科技工作者是先进生产力的开拓者，是先进文化和科技知识的传播者，是社会主义建设的排头兵，是科技创新的中坚力量，在中国特色社会主义伟大事业中担负着不可替代的历史使命。希望能够以此次揭幕为契机，在全社会大力宣传和弘扬中国科学家胸怀祖国、服务人民的爱国精神，勇攀高峰、敢为人先的创新精神，追求真理、严谨治学的求实精神，淡泊名利、潜心研究的奉献精神，集智攻关、团结协作的协同精神，甘为人梯、奖掖后学的育人精神，使之深入人心，植入人们的心田。

高洪善副主任表示，用"国家最高科学技术奖获奖科学家手模墙"这种

怀进鹏书记为赵忠贤、王小谟院士赠送手模

特别的方式,记录和展示了这些支撑起新中国经济社会发展、民生福祉改善和国防建设的双手。希望全社会共同携手,为公众提供更多这类零距离感受科技之美、领略大师风范的机会。希望"科学家手模墙"可以在孩子们心中埋下种子,激发他们的人生理想,找准他们的人生偶像。

中国科学技术协会党组书记怀进鹏向赵忠贤、王小谟两位科学家赠送手模留念,并致以崇高的敬意。

揭幕仪式上,怀进鹏书记还为中国科学技术馆授予中国科学技术协会"科学家精神培育基地"牌匾,勉励中国科学技术馆积极响应中央大力弘扬科学家精神的要求和中国科学技术协会的工作部署,先行先试,为探索推动全国科学技术馆开辟科学家精神宣传阵地积累经验。嘉宾合影环节,项目组特意邀请了20多位小学生、小志愿者和现场小观众合影留念,既是向科学家致敬,又代表了一种精神传承。

当幕布落下,大气、壮观、精致的"科学家手模墙"展现在大家面前时,立刻受到众人的追捧。"国家的需要,就是我的研究方向""知识、汗水、灵感、机遇,我没有什么秘诀,我有八个字:"创新是科学的生命"……观众读着科学家们的寄语,纷纷拍照留念。

揭幕仪式结束后,各大媒体纷纷报道,引发海量传播。央视新闻、人民日报、光明日报、中国青年报等主持的相关微博话题均登上热搜榜,其中光明日报主持的"袁隆平屠呦呦等科学家寄语青少年"话题登上"微博热搜榜"第8位,央视新闻主持的"袁隆平再秀英语"微博话题阅读量超过1.4亿次。48小时之内,相关报道和信息达3.2万条,仅微博浏览量就超过3.2亿次。光明日报记者评价说,这些科学家"段位太高,人数又多,所以'爆了'!"

网友的留言也非常感人:"一面满是荣誉的墙""我也想去摸一摸""致敬院士""都是祖国的栋梁,少年强则国强"……

"国家最高科学技术奖获奖科学家手模墙"及科学家寄语,引起了广泛而持久的影响。科学家手模墙成为观众参观中国科学技术馆的一个打卡点,也成为中国科学技术馆接待嘉宾的一个重要驻足点。

科学家身边工作人员对此项目给予了高度肯定和赞扬。"非常有意义的

第三章 美好呈现

媒体报道截图

项目!""一定要带孩子去看看!""一件极有意义的事,人民不能忘记这些科学家,这也是一件抢救性的工作,让人敬佩!""超感动,到北京出差的时候一定要来看看。"……多位国家最高科学技术奖获得者身边工作人员、生前所在单位同事等纷纷前来参观。

2021年2月4日,"科学家手模"出现在CCTV"典赞·2020科普中国"盛典晚会,中央广播电视总台主持人郭志坚声情并茂讲述《科学家精神》:"走进中国科学技术馆,推开一扇大门,徜徉在通向科技巅峰的巨型魔方,在这里,我们看到了这样一面墙,印满了一双双手印,那一个个熟悉的名字,必将永远闪耀在中华科技文明的星空之上。……"全场掌声雷动。

郭志坚情景讲述《科学家精神》(CCTV"典赞·2020科普中国"栏目供图)

2022年1月,"国家最高科学技术奖获奖科学家寄语青少年专题活动"被中央网信办评为中国正能量"五个一百"网络精品"百项精品网络正能量专题活动"。2023年1月,中国科学技术馆"国家最高科学技术奖获奖科学家手模"展示项目团队在中国科学技术协会"典赞·2022科普中国"活动中荣获"年度科普人物提名"。

2023年4月12日,向王永志院士赠送手模

2023年4月16日,侯云德院士参观科学家手模墙

彩蛋

作为项目的拓展，2021年5月，项目组赴广州成功采集"共和国勋章"获得者钟南山院士手模，并录制寄语视频。钟老饱含深情地寄语全国青少年："欣逢盛世，当不负盛世。"至此，于敏、孙家栋、袁隆平、黄旭华、屠呦呦、钟南山6位荣获"共和国勋章"的科学家手模，全部采集完毕（其中于敏已经去世，采集了签名）。

采集钟南山院士手模

第四章
后 记

"国家最高科学技术奖获奖科学家手模"项目的成功实施,也让参与这个项目的人员心潮澎湃,收获满满。

隗京花(中国科学技术馆原副馆长):在科学家手模采集和手模墙的设计制作过程中,我们被一个个无私奉献、刻苦钻研、开拓创新的感人故事深深打动,科学家是我们心中永远的明星,他们的精神将鼓舞年轻一代在科技创新的道路上奋勇向前。

余革胜(中国科学技术馆观众服务部主任):科学家手模的采集,功在当代、利在千秋。采集手模时深深体会到了当面与科学家握手的自豪和激动,也感受到了科学家手模墙建成揭幕时的成功与喜悦。弘扬科学家精神,讲好科学家故事是我们每一个中华儿女应尽的职责。在中国科学技术馆这个"科学家精神教育基地"里,要不断开拓创新,把胸怀祖国、服务人民的爱国精神,勇攀高峰、敢为人先的创新精神,追求真理、严谨治学的求实精神,淡泊名利、潜心研究的奉献精神,集智攻关、团结协作的协同精神,甘为人梯、奖掖后进的育人精神,不断发扬光大。

樊 庆(中国科学技术馆观众服务部副主任):有幸全程参与了"国家最高科学技术奖获奖科学家手模"项目的策划与制作工作,牵头采集了曾庆存院士的手模。曾院士85岁高龄,依然每周坚持到办公室工作,这种认真负责、科学严谨的治学态度深深打动了我。每次阅读、聆听最高奖获奖科学家的故事,都是一次精神的洗礼,更加坚定了自己做好科普工作的信心。

齐 婧(中国科学技术馆观众服务部副主任):心怀"国之大者",我们的科学家用一双双手树起了科技创新的丰碑,用一段段人生经历铸就了宝贵的科学家精神。无论是与科学家近距离接触,还是伫立科学家手模墙前,都能感受到一种力量和温度,指引我们追求真理、志存高远,鼓励我们继承和发扬科学家精神,为科技的进步、人民的幸福、民族的发展贡献力量。

欧亚戈(中国科学技术馆观众服务部副研究员、项目组组长):一个小小的创意,得到了各方的鼎力支持,不断添砖加瓦,取得了超出预想的结果,自己也获得了多方面的成长。看到网友的留言,所有的努力和付出,都值了。

第四章 后 记

王珊珊（中国科学技术馆观众服务部副研究员）："科学家手模"这件展品，就像一座桥梁，带领我们走近这些科学家，使我们有机会了解他们的人生历程和精神世界，真切感悟科学家恒久不变的强国初心和爱国、创新、求实、奉献、协同、育人的科学家精神，也让这些平素鲜为人知、却铸就国家辉煌的名字被更多的人所铭记。这是这件展品带给我们的最大价值。

白轶德（中国科学技术馆观众服务部工程师）：记得采集曾庆存院士手模的那天，有点下小雨，老人家在办公室幽默地接待了我们一行人，时间超时，老人也没有抱怨，反复认真地录着自己想好的青年寄语。那一刻，我对科学家有了更直观的认识，他们比我想象的更真实、更无私，他们的精神更令人感动。

刘 珩（中国科学技术馆观众服务部主任科员）：他们是"干惊天动地事，做隐姓埋名人"的国家英雄，他们是不畏劳苦沿着陡峭山路攀登的勇士，他们彪炳史册的重大贡献，崇高的学术声望，吸引我们走进他们的生活。平凡淡泊的生活映射出他们高尚的人格风范。

陈少虞（中国科学技术馆观众服务部助理研究员）：爱国，是要把自己的理想同祖国的前途、把自己的人生同民族的命运紧密联系在一起，扎根人民，奉献国家。很幸运可以零距离感受科技之美、领略大师风范，学习老一辈科学家胸怀祖国、服务人民的优秀品质。

陈思思（中国科学技术馆观众服务部工程师）：很荣幸参与了黄旭华院士的手模采集工作，与黄院士近距离的接触交谈，更感黄老的和蔼、认真、敬业，"一句誓言，一辈子事业"，黄院士的寄语让人感动和崇敬，科学成就离不开精神支撑，这才是我们应该追的星，致敬国家英雄。

苑 晓（中国科学技术馆观众服务部副研究员）："千磨万击还坚劲，任尔东西南北风"，在手模采集过程中，感受到科学家想国家之所想、急国家之所急、应国家之所需，为祖国为人民奉献的科学家精神。

郑蓓蓓（中国科学技术馆观众服务部工程师）：非常幸运成为科学家手模项目组的一员，有机会走近这些赫赫有名的大科学家，亲身感受他们严谨的工作和生活态度，感受他们的平易近人、朴实无华，令人尊敬、敬佩。这

些科学家才应该是全社会最该追的星。

贾斯瑾（中国科学技术馆观众服务部工程师）：通过近距离与"传说中"的科学家们交流，更直观感受到老一辈科学家们的"日常"，更深刻学习到他们的精神品质。作为科普工作者自己更加坚定使命，传播普及科学知识，让科学技术永不止步，科学家精神薪火相传！

薛　珂（中国科学技术馆观众服务部工程师）：借此项目得以近距离接触和了解科学家，设计方案时我的脑海中升起一颗红星，冲出框架、熠熠生辉，正体现着科学家们的开拓奋进与爱国热忱。抚摸手模，时空交错，鲜活的故事历历在目，谆谆寄语言犹在耳。科学家们的成就和精神将如恒星般闪耀，

中国科学技术馆科学家手模团队成员合影

第四章 后 记

伴我前行！

吴 晓（奖励办）："一代人有一代人的使命，一代人有一代人的担当"，凝视着这一排排金色的手印，这句话总萦绕在耳旁。作为一名科技奖励工作者，弘扬科学家精神就是我们的使命和责任。希望有更多如"科学家手模墙"的精品项目，把科学家的故事传递下去，让科学家精神深入人心、代代相传、熠熠生辉。

张 艺（奖励办）：这面墙的一双双手，发射了中国第一颗卫星、设计了中国第一艘核潜艇、在世界上首次培育成功强优势的籼型杂交水稻、为青蒿素治疗人类疟疾奠定最重要基础……"星汉灿烂 光耀寰宇"，这些托起当代中国国家富强、人民幸福、民族复兴希望的"科学大家"，才是我们最应该追的星。

张 璐（奖励办）：执刀的手，仁心仁术，挽救无数生命；握笔的手，白卷墨笔，探索乾坤奥秘；育种培苗的手，让亿万人口禾下乘凉衣食足；描画图纸的手，带中华民族九天揽月可摘星。这双手，捍卫祖国蓝天；这双手，铸就钢铁长城。这一双双手，印出了共和国科技发展史，撑起新中国繁荣强盛的脊梁。

本书编写分工如下：中国科学技术馆原党委书记苏青、原副馆长隗京花分别撰写了赵忠贤院士、屠呦呦先生的手模采集故事；刘珩、陈少虞、苑晓、薛珂、邵赛兵分别撰写了李振声、王泽山、王永志、王小谟、侯云德、张存浩院士的手模采集故事；欧亚戈撰写了本书其余部分。

本书编写过程中，得到了国家科学技术奖励工作办公室的大力支持，特别是获奖科学家亲属、身边工作人员、所在单位等提供了珍贵照片并帮助审阅稿件，李振声、王永志、赵忠贤、刘永坦院士等亲自修改、审阅了相关稿件，在此表示衷心感谢并向科学家们致以崇高敬意！

书中图片如无特殊注明，由中国科学技术馆提供。书中谬误由作者承担，恳请批评指正。